勇敢的拳击手

# 拳师犬

顾问 吴东霖
主编 王　晓

陕西出版集团
陕西科学技术出版社

## 图书在版编目（CIP）数据

拳师犬/王晓主编.—西安：陕西科学技术出版社，2010.1
 ISBN 978-7-5369-4675-0

Ⅰ.拳… Ⅱ.王… Ⅲ.犬-驯养 Ⅳ.S829.2

中国版本图书馆 CIP 数据核字（2009）第 156517 号

## 内 容 简 介

这本《拳师犬》单犬种全彩专辑汇集了世界拳师犬俱乐部（协会）的权威资料文献，汇集了国内外著名专业犬舍的饲养管理实践经验，从拳师犬的起源发展、犬种标准、评审与鉴别、赛场展示、选购饲养、训练管理、选种繁育等方面进行了详细介绍，书中配了大量专业图片予以对照说明，知识专业、内容丰富、通俗易懂，是一本全面的拳师犬专业手册。

| | |
|---|---|
| 出版者 | 陕西出版集团　陕西科学技术出版社<br>西安北大街 131 号　邮编 710003<br>电话（029）87211894　传真（029）87218236<br>http://www.snstp.com |
| 发行者 | 陕西出版集团　陕西科学技术出版社<br>电话（029）87212206　87260001 |
| 印　刷 | 成都时时印务有限责任公司 |
| 规　格 | 880mm×1230mm　大 32 开本 |
| 印　张 | 4 |
| 字　数 | 115 千字 |
| 版　次 | 2010 年 1 月第 1 版<br>2010 年 1 月第 2 次印刷 |
| 定　价 | 25.00 元 |

# 勇敢的拳击手——
## 拳师犬

　　它总是渴望能用疾风暴雨般的攻击将对手制服；只要上了斗场，在它的眼里，永远就没有"服输"两字，在还有最后一口气之前，你千万别认为它是会输的，因为它随时可能发出最后致命的一击。它，就是我们勇敢的拳击手——拳师犬。

　　在19世纪反斗犬法令关闭斗犬场之前，欧洲各地的斗犬场上有一种外表看似丑陋的狗狗，它因骁勇善战而在当时极负盛名。拳师犬可以跟斗牛犬相媲美，它特殊的结构和造型就是为搏斗而生。

　　拳师犬头部大而坚固，脖颈粗壮，这让它在进攻中保持强大的冲击力。它鼻子上翘、颚部位置低，可以牢牢锁住对手而不让其逃脱。在这样的纠缠中，它那因为往上翘而仍可呼吸的鼻子，使它占上优势。

　　拳师犬的面部精雕细琢，毫无皱纹，黑面配上黑色的口鼻部，再配上面部的斑块，这使脸部看上去好象戴上了一张脸谱面具。从它的脸上你看不出丝毫表情，就像是一个功力深厚的大师，已经达到一种无欲而为的境界。但真正搏斗开始后，它英勇的战斗技法就会像它脸部的表情一样深不可测。

　　拳师犬身体结实健壮，它的骨架粗壮，肌肉健硕，毛发短而有光泽，全身散发出力量感。斗犬匀称强健的身躯在它身上表露无遗，它好像已经拿掉了每一寸难堪的赘肉，专为"拳击"比赛塑身。拳师犬的四肢隔得很开，能在斗场中占据最大面积的"领地"，它威风八面的往场中一站,在气势上就能给对手以震憾。

每一位武林高手都有赖以成名的绝技,鼎鼎大名的拳师犬也是如此。拳师犬在搏斗中习惯以后腿站立,前腿像拳击手般地向对方发起疯狂攻击。因为它有这么厉害的一招,所以,很多人就称它为拳师犬,它的名字就是这样得来的。

虽然拳师犬极为勇猛好斗,它的外貌看起来也极具威胁性,下突的颚部令它看来就像没人敢惹的硬汉,不过,这样的时候并不多,尤其是对待家人的时候。实际上,拳师犬在没受到挑衅时,它是很合群、很友善的。它对主人极其忠心,对家庭全心全意奉献,在它和家人、亲友打成一片的情况下,它会很快打破优雅的战斗姿态,变得非常有趣。

拳师犬的"拳头"很硬,可它的心肠很软。在家中它是很黏人的,它那炯炯有神的眼睛总是注视着你,跟随你而转动,当你脱离它的视线时,它会跟过来紧随在你身边。拳师犬喜欢亲吻人的脸颊,所以有一些家中养有拳师犬的人常常会给一些新手提出忠告:如果不愿被亲得满脸湿答答的人,最好不要养这种狗。

一山不容二虎,拳师犬是一种占有欲很强的狗狗,在家里它不希望还有另外一只狗狗分享"主人",当两只不服输的拳师犬在家中时,难保不会发生几场恶战。所以,切记不可同时豢养两只拳师犬。

拳师犬就是这么一种勇敢、擅斗、忠心、和善、黏人的狗狗。现在斗狗已经成为过去,养一只这么特别的狗狗在家中,让它作为我们的家庭护卫犬和家庭宠物犬还真是一种不错的选择。

编 者

# CONTENTS 目 录

## 第一章 拳师犬的起源与发展

拳师犬的起源与血统 002
拳师犬的发展与犬种组织 004
拳师犬的故事 005
   兼职的拳师犬 006
   悼念女主人郁郁而终的"杰波"006
   救回公主的战将 007

## 第二章 拳师犬的犬种标准

整体外貌 010
体型、比例、结构 011
头部 011
颈部、背线和躯干 013
前躯 014
后躯 014
被毛 016
颜色 016
步态 016
特征与性情 017
失格条件 017

## 第三章 拳师犬的评审与鉴别

身体构造与犬种功用相一致 020
犬种样式、整体平衡与身心健康的和谐统一 020
拳师犬整体结构与比例 021
侧面轮廓观察与评鉴 022
拳师犬的头部评鉴 022
拳师犬的咬合评鉴 023
面部表情评鉴 023
耳朵评鉴 024
前躯评鉴 025

躯干评鉴 025
后躯评鉴 026
步态评鉴 026
侧面步态 027
颜色和斑块评鉴 027
拳师犬的性情评鉴 028
失格 028

## 第四章 拳师犬的展示
拳师犬的展示 030
犬展的分组方法 033
赛前的准备 034
参展前的训练 035
　早期的桌上站姿训练 035
　牵引绳控制训练 035
赛场审查 036
　定姿审查 036
　步姿审查 038
赛场牵犬技巧 039

　I 字型的牵走 039
　三角型的牵走 039
　圆型的走法 040
指导手的着装 040
BIS 的六要素 041

## 第五章 拳师犬的选购
选购前的必要了解 046
　对主人忠诚　依恋性强 046
　有着极强的表现欲 046
　雄性犬之间易引发争端 047
　了解拳师犬以前的工作性质 048
评估你是否适合饲养拳师犬 049
　你的生活方式能否照好拳师犬 049
　家中有小孩者慎养拳师犬 049
　是否有足够的空间让其自由活动 049
选择什么样的拳师犬 050
在何处选购拳师犬 051
选什么年龄段的犬只 052
拳师犬幼犬性格测试与选择 053
如何挑选健康的幼犬 055

# 第六章 拳师犬的日常管理

## 营养管理 058
营养需求 058
饲喂商品化犬粮 062
拳师犬的日粮配制 063
注意补钙和补磷 066
适当添加微量元素 066
定时、定量、定位饲喂 067

## 拳师犬的四季管理 069
春季管理要点 069
夏季管理要点 069
秋季管理要点 070
冬季管理要点 070

## 拳师犬的成长管理 071
新生仔犬的成长管理 071
拳师犬幼年期的照顾 071

## 拳师犬成年期的管理 074
## 拳师犬老年期的照顾 075

# 第七章 拳师犬的清洁护理

皮毛清洁护理 078
修剪趾甲 079
清洁耳道 080
保养牙齿 080
清洁眼睛 081
进行立耳手术 082
　手术步骤 082
　手术后校绑 083
进行断尾手术 084

# 第八章 拳师犬的训练

训练的基本要领 086
训练的基本原则 087

循序渐进,由简入繁 087
因犬制宜,分别对待 088

## 训练的基本手段 090
诱导 090
禁止 090
奖励 090

## 拳师犬良好行为习惯的培养 091
限制其在自由活动 092
在饲育中树立你的地位 093
在平常的玩耍中树立你的权威 094

基本服从训练 094
 站立 094
 随行 095
 前来 095
 坐下 096
 卧倒 096
 衔取训练 097

障碍赛训练 098
 跳跃栅栏架 099
 穿越管道训练 100
 其他穿越障碍训练 100

# 第九章 拳师犬的繁殖

拳师犬的繁殖方法 104
 近亲繁殖法 104
 系统繁殖法 104
 异系繁殖法 105

选种的注意事项 106
 注意血统搭配 106
 注意预防情绪遗传病 107

发情 108
 发情周期 108
 发情征候 108
 母犬发情后的管理 109

交配 110
 交配的适龄 110
 交配适期 111
 交配前的准备 111

妊娠 112
 妊娠诊断 112
 怀孕犬的特殊照顾 112

生产 113
 产前准备 113
 产前征兆 113
 生产过程 114
 人工助产 115

产后的护理 117

**优秀犬只鉴赏 118**

## 第一章

# 拳师犬的起源与发展

拳师犬起源自德国,曾作为斗犬风靡一时。1902年,颁布布了第一个拳师犬标准。

## 拳师犬的起源与血统

拳师犬起源于19世纪末,但其真正的祖先得追溯到16世纪了。有人认为,拳师犬的血缘来自于大丹狗、斗牛犬和獒犬,背景则在16世纪。对这种说法,另有些人很不以为然,甚至认为那时连拳师犬的影子都还没出现。关于出生背景,比较可信的说法是,它的血统来自于德国,但也有犬学家认为它们的祖先早已绝种。

拳师犬起源于德国

关于拳师犬的血统来源,总是有不同的说法,在不同的地方透过不同的方式流传下去。谁的说法可信?在这些传说与科学研究之间,目前还没有一种明确而统一的观点被大众接受。但无论如何,我们透过历史记载,总能找到关于拳师犬的一些蛛丝马迹。

从16世纪以来,拳师犬来源于一系列犬。经过几百年的变迁,拳师犬在德国定型,并得到完善。在定型之前,拳师犬的祖先与拳师犬现在的体型相去甚远。

拳师犬有莫洛西斯犬(Molossis)血统。在当时的欧洲,大多数犬都被人们用来从事狩猎工作,而这些犬都是在古代战争犬——莫洛西斯犬的后代。那时欧洲的一些贵族们将驯养的犬用来捕猎野猪、熊、鹿等。他们将体重较轻、行动敏捷的犬用来围捕,面将体型高大、身体强壮的犬用来实施攻击。这些猎犬有着坚强、勇敢的性格,会与猎物战至生命的最后一刻。现

拳师犬的祖先曾是猎犬

在拳师犬勇猛的个性也如此。

在16~17世纪的佛兰德挂毯上描绘了一些犬捕猎雄鹿、野猪的图画。这图画上的犬有莫洛西斯犬血统,它们要么是拳师犬的祖先,要么与拳师犬同一祖先。

也有证据表明拳师犬是西藏獒犬的众多后代之一。在法国,有一种叫做 Dogue de Bordeaux 的犬,在外形与体型上与中国古西藏獒犬很接近,而且由这种体型巨大的犬发展出 Bouldogue de Mida 犬,这种犬与拳师犬有很多相似之处。

在16世纪的英国,人们还培育出了一种斗牛獒犬 Bullenbeisser(意为:追咬公牛的犬)。那时用这种犬斗牛在当地乡村极为流行,乡民们将公牛圈在围场中,然后放出斗犬追咬,场下人们则对此下赌注。这种活动在集市和时节庆典时特别盛行。拳师犬的祖先就是"Bullenbeisser",这是獒犬类型的犬种。随后又和较小的獒犬类型的犬种交配(这种獒犬可能是英国斗牛犬的祖先)。

几乎所有欧洲大型犬都与拳师犬有关系。除了有斗牛獒犬的血统外,拳师犬还继承了狓犬的一些特征。在一个时期内,英国斗牛犬曾出口到德国。实际上,1803年利纳格的画中著名的斗牛犬非常像拳师犬,1850年一些画上的英国斗牛犬与德国犬几乎一样。

19世纪中叶,在宣布斗犬和斗牛活动非法化之前,拳师犬和其他这种类型的犬一直被用来做斗犬。今天,拳师犬已经成为社会的一员,仍保留着非凡的勇气和防卫能力,当需要的时候,也会进攻。

拳师犬与欧洲大型犬关系密切

## 拳师犬的发展与犬种组织

毫无疑问,拳师犬是德国品种。世界上第一个拳师犬单犬种组织——德国拳师犬俱乐部,是成立最早的拳师犬单犬种俱乐部。该俱乐部由早期拳师犬的狂热爱好者于1896年1月在德国慕尼黑成立,在成立的当年便举办第一届狗展。俱乐部刚成立时,大家对拳师犬的标准还有许多争议,直到6年后才形成统一的认识,在1902年世界上第一个拳师犬品种标准终于确立。

世界上第一只在新确立的品种标准书上记录在案的拳师犬名字叫Flocki,它同时也是第一只参加犬展的拳师犬。Flocki生于1895年,其父系是一只来自慕尼黑的白色英国斗牛犬。那时的斗牛犬与现在斗牛犬外形有很大的不同,以前的体重更轻,个头更高。

早些时候拳师犬的繁殖并没受到约束,这导致其数量在短时间内急剧增多。直到第一次世界大战早期,拳师犬的繁殖才受到严格的控制。这

早期的拳师犬是纯白色或带有其他颜色的斑点,经过多年之后才变成今天这种颜色。

时的拳师犬繁殖者必须依照严格的标准,通过同种之间的交配来保持犬种的纯系。在德国,这种繁育上的控制一直到今天都非常的严格。在配种之前,所有狗都需要通过"勇气测试"。这样做是为了保证拳师犬这一品种特有的外形、性格、生理特点等能够被其后代完整地继承下来。

英国拳师犬俱乐部成立于1936年。1939年一只叫Horsa的拳师犬获得了英国首届拳师犬展冠军。

拳师犬有非常好的品质,是第一批被挑选用作训练警犬的犬种之一。这种工作要求犬有智慧、无畏的精神、吃苦和有力量。在二次世界大战时,拳师犬在战地担任传令的工作。此外,它也是首先被德国警方选为警犬的品种。

1904年,美国养犬俱乐部首次将拳师犬登记在册,1915年举行了首次锦标赛。拳师犬在美国的风行则始于上世纪30年代,当时有一只进口的冠军拳师犬,在美国囊括所有蓝带锦标。可能是因为一些拳师犬在犬展中赢得了高分,到1940年,美国人开始喜欢这种犬。到后来它和小猎兔犬一样,几乎每个人都想养它。

## 拳师犬的故事

拳师犬是个不折不扣的工作狂,直至今日各地都流传着它们热心公益的事迹:替警察局担任义警、在乡镇之间为居民传递讯息、为邻居作义务保安。它们是忙碌的狗,业务遍及世界各地,从公共场所、街坊邻居到每个家庭,都能看到它们的业绩。它们总是日夜不停地忙碌,从举足轻重到鸡毛蒜皮的大事小事,它都乐意去干。闷得发慌时,就干脆上街压压马路,总而言之,只要不闲下来就可以。

拳师犬比人类更早从事兼职工作

### ◆兼职的拳师犬

兼职的最初由来竟是与一只拳师犬有关,这你相信吗?很久以前,有一只住在市郊的拳师犬,它深感自己肩负的责任重大,觉得自己必须保证街坊邻居的安全,所以它每天总是兴致勃勃、充满使命感地到处巡逻。当它巡逻至最后一户人家时,每户人家就会在它结束工作时,酬谢它一块饼吃。它每天的例行工作就是:独自挨家挨户巡逻,保护邻居安定而祥和的生活,每至工作结束,饶有兴致的吃它的饼干,然后心满意得的回家。无论刮风下雨,无论严寒酷暑,这个早出晚归的独行侠,都乐此不疲,从无怨言。

拳师犬兴高采烈地当它的义工,连它的主人都不知道他那称职的庭院警卫还在外面兼差,身兼左邻右舍的保安。拳师犬作兼职的故事后来慢慢传开了,于是后来就有人开始效仿拳师犬利用空闲时出去兼职,以弥补家用,渐渐地兼职这一工作形式就流传开了。

拳师犬是最称职的兼职者,其实这个故事告诉了我们拳师犬的共通个性:它那好交际的性格,其实是与社区生活的责任感和参与感是分不开的。有人认为这和它早期担任警犬工作有关,也有人说它天性就喜爱与一群人共同生活。不管怎么说,几乎没有一只拳师犬在有生之年,不喜欢四处溜达,用它锐利的眼睛环顾四方的。

### ◆悼念女主人郁郁而终的"杰波"

拳师犬是一种非常重感情的狗狗,在它身上也有许多和主人间令人潸然泪下的感人故事。在英国主有这样一个故事:

英国著名女小说家艾米莉·勃朗特曾经养过一只深为宠爱、信任的拳师犬,名叫"杰波"。根据报道,它曾踩着艾米莉·勃朗特的高跟鞋在荒野上到处走动。这只狗与她如影随形,成为了她在湿冷的苏格兰高地独居生活的伴侣。

她与它之间的连接如此之深,深到把生命终结前的最后一件事,留给了挚爱的"杰波"——在自己病危时,依然从病床爬起来,走到外头,喂杰波最后一顿饭,之后,便过世了。

在杰波死去前,有整整三年,它都因悼念女主人艾米莉而终日抑郁、悲伤。艾米莉·勃朗特传说的作者伊丽莎白·盖斯凯尔如此写道:"让我们以印第安人的信仰为祷,如今'杰波'也追随了艾米莉,它正在安歇在某一张松软、白色的美梦之床,当它再度醒来时,愿它不受训诫,身在乐土。"

盖斯凯尔如此写道,是因为杰波喜欢在床上睡觉,唯一被艾米莉训诫的一次,是因为它爬上了家里最好的一张床,从此以后,它没有再惹她生气过,她因而知道,狗和人不同的是,狗因爱的真谛而爱。

### ◆ 救回公主的战将

拳师犬更是勇猛战将的化身。瑞典古老神话中说就有这么一个故事:

有3位美丽的公主被巨人掳走、幽禁了起来,国王对每一个人承诺,只要是能解救她们的人,将可娶其中一个女儿为妻,并获得王国一半的

曾因勇敢而赢得公主芳心的拳师犬

领土。许多权贵的战士试图要找到这3位公主,但都徒劳而返。后来有个无所事事的年轻小伙子带了3只醒目的小狗去挑战巨人。

其中有一只狗叫"咬将",是一只斗牛犬,另一只叫"锐刀",是一只杜宾犬,还有一只是"利耳",应该是猄犬。其实,这3只狗加起来,就刚好等于一只拳师犬,因为拳师犬恰好融合了这三者的血统。

接下来的故事正如大家预料,这3只狗的表现一如其名,最后制伏巨人,使年轻人得到应有的报酬。和所有故事一样,结局是花团锦簇、笙歌饮酒,拳师犬从此过着幸福、快乐的生活。

像这样的神话故事不知还有多少。而不管内容变化替换,一部分的斗牛犬,一部分的杜宾犬再加上一部分的猄犬,就构成这只优秀而独特的拳师犬。它的神话色彩在血液和骨架中到处流窜。奇特、深不可测、高贵并有自我风格。

### 2008年拳师犬积分前十名排行榜

| | |
|---|---|
| 1.CH Ein-Von´s Just A Rumor | J Bennett/N Bennett/C Desmond/T Pierson/ |
| 2.CH Dramatic Story Of Sherry Shoot Jp | W Truesdale/Z Truesdale/M Hanabusa/S Ter |
| 3.CH Duba-Dae´s Who´s Your Daddy | J Bettis/L Jansson/W Bettis |
| 4.CH Regal´s Best Kept Secret | K Warren/K Vanderpool |
| 5.CH Port O Calls Tide Of Carillon | S Bostic/L Justice |
| 6.CH Capri´s Magic Maker Of Sassy | R Servetnick/M Servetnick/B Bachman |
| 7.CH Lattalane´s Kiss Me I´M Irish | T Latta/C Laita |
| 8.CH Suncrests Im The Man | D McCarrtoll/M Fagan/M Quiroz/O WATERS |
| 9.CH Bravo N Sunset Stealing Time | K Robbins/C Robbins/D Yenne/J Yenne |
| 10.CH Pro´s Original 501 Blues | P Otto/K Brown/L Nieschalk/J Pinzon |

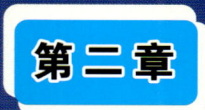

# 第二章

# 拳师犬的犬种标准

犬种标准是一个犬种被固定下来后,人们制订的该犬种最为理想的方案,是评价犬只是否纯正的依据……

## 整体外貌

拳师犬体型中等大小,身体结构呈正方形,其背部短而有力,四肢发达且强健,被毛短而密。它的肌肉丰满、健硕,浑身上下充满着力量感。其步态稳健,自然,且有弹性。

头部是拳师犬的最为醒目的特征,其头部轮廓清晰,并必须与身体成比例。吻部钝而宽,吻部与颅骨的比例协调。

拳师犬独特的外表及引人注目的颜色给人印象深刻。整体的形态及头部的形态很重要。身体结构和步态也是一个重要的衡量指标。

拳师犬强壮而机警,优雅而高贵。表情机警,坚定,温顺。可作为守卫犬、工作犬和伴侣犬。

骨骼健壮,肌肉丰满,充满力量

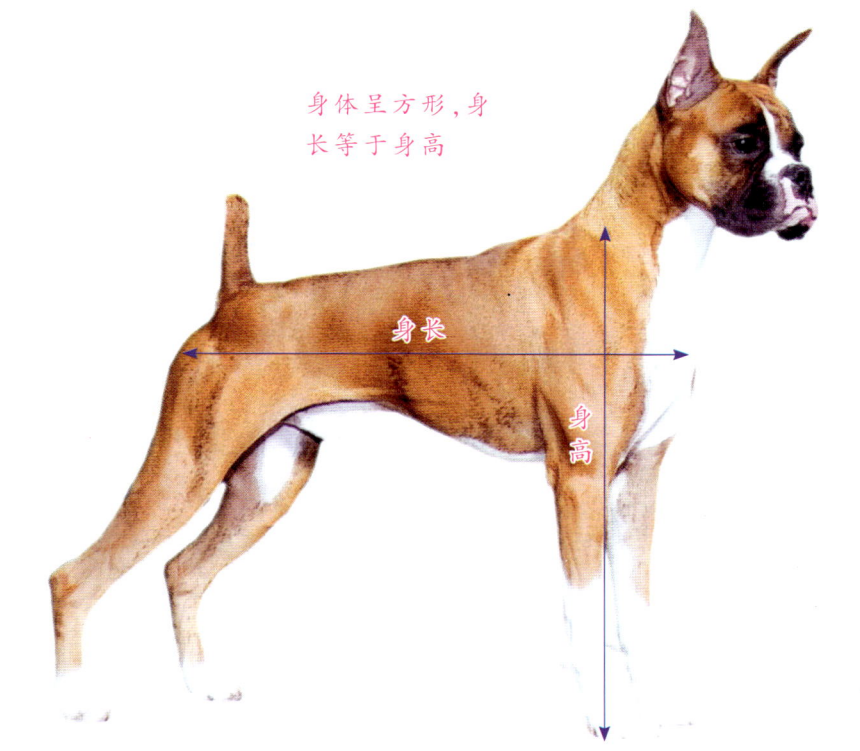

## 体形、比例、结构

**身高** 公犬 57.2~63.5 厘米,母犬 53.3~59.7 厘米。公犬不应低于标准身高,母犬不应高于标准身高。当身高符合标准时,身体各部位比例协调非常重要。肌肉丰满结实。公犬的骨骼比母犬发达。

**比例结构** 胸部前端到大腿后端的直线距离与肩胛上缘到地面的直线距离相等,即身高与身长相等,身体呈正方形结构。

## 头部

**比例** 头部外形是否漂亮取决于吻部与颅骨比例是否协调。吻部的长度等于从枕部到鼻尖端长度的 1/3,宽度等于颅骨宽度的 2/3。

**外形** 头部不能有深的皱纹。当耳直立时,前额出现皱纹。皮褶从眉头两侧延伸到吻部两侧。

CAN CH. Moonlight's Standing Ovation

**眼睛** 眼睛中等大小，为深褐色，既不突出也不凹陷。

**表情** 聪明而机警。眼神和前额的皱纹构成了拳师犬独特的面部表情。

**耳朵** 耳根位置在颅骨的最高点，剪耳后的耳朵变得狭长，耳逐渐变尖。当犬处于戒备状态时，耳直立。

**颅骨** 颅骨顶部略呈拱形，不圆，也不平坦。枕部十分突出。两眼之间有一凹痕，鼻梁轮廓清晰。面颊比较平坦。颅骨向吻部尖端逐渐变细，形成一优美的曲线。

**吻部** 吻部的长度、宽度和深度协调。吻部的形状由两侧颌骨、牙床和嘴唇共同形成。吻部顶部不能倾斜，也不能凹陷。但是鼻的尖端稍高于吻部根部。

**鼻子** 鼻子较宽，颜色为黑色。

**颌部** 上颚宽，向前稍微变细。上下唇应对合整齐。上唇厚，包住突出的下颌，侧面由下犬齿支撑。犬齿的距离必须较大、较长，以形成吻部宽而方的外形。从侧面看，吻部略向上翘。从侧面和前面看，下颌轮廓清晰。下颌突出，下颌超过上颚，向上翘。下门齿与下犬齿在一条直线上，使得下颌非常宽。

**缺点** 颅骨过圆、过平。面颊部突出。缺乏皱纹或皱纹过深。上唇下垂。吻部相对颅骨过小。吻部过长。下颌过于突出。嘴紧闭时露出牙齿和舌。眼睛的颜色比被毛底色还浅。

## 颈部、背线和躯干

**颈部** 颈部呈拱形，皮肤无下垂。颈部与肩部连接平滑。颈部圆而长，肌肉丰满。

**背线** 背线流畅，稍微倾斜。

**躯干** 胸部很宽，从侧面能看见胸的底部。胸部较深，至肘关节。从肩胛上缘到胸部最低点的距离是从肩胛上缘到地面距离的一半。肋部伸展，呈拱形，但不呈桶状胸。背部短而直，肌肉丰满，紧连着肩部和后躯。

腰部较短，肌肉丰满，腹部向上紧缩。臀部稍微倾斜，平而宽。

**尾巴** 尾根位置高，断尾，向上翘。骨盆长，母犬的骨盆宽。

**缺点** 颈部短粗。胸部过宽过窄。胸骨不突出。腹部下垂。肋部侧面平坦。腰部长而窄，与臀部连接无力。臀部下垂。后躯高于前躯。

颈呈弓形，背线流畅

## 前躯

肩部长而倾斜，肩部的肌肉不能过于丰厚。其上腕长，与肩胛骨成直角。肘关节既不能离胸部过远也不能过于靠近胸部。前肢长，直，肌肉发达，从前面看，两前肢互相平行。前脚跟强壮，几乎与地面垂直。狼爪可以去除。脚紧凑，既不内翻也不外展，趾尖呈拱形。

前肢长直，平行
后肢直，脚跟短而强壮

**缺点** 肩部较松弛，肌肉太过丰满。肘关节与胸部的距离过近或过远。

## 后躯

后躯肌肉丰满，与前躯角度协调。大腿宽，肌肉发达。大腿和小腿长。膝关节屈曲，跗关节清晰。从后面看，后肢直，跗关节不内翻也不

外展。从侧面看,后脚跟几乎与地面垂直,允许后脚跟稍向后倾斜。后脚跟短而强壮,轮廓清晰。拳师犬后肢没有狼爪。

**缺点** 后躯角度过大,后肢肌肉不够丰满或肌肉过多,跗关节角度过大,后躯过低或过长。

## 被毛

被毛短,光滑,有光泽,紧贴身体。

## 颜色

颜色为黄褐色,有斑纹。被毛底色可以从浅棕褐色到红褐色。斑纹可以是很稀少而清晰;也可以是非常密集,几乎覆盖全身,浅黄褐色的底色反而显得稀少。

白色斑块虽能使犬的外表显得更漂亮,但不能超过全身被毛的 1/3。白色斑块出现在侧腹部或躯干的背侧不理想。在面部,白色斑块可以代替一部分黑色底色,出现在两眼之间,但不能破坏犬的面部特征。

**缺点** 白色斑块出现的位置不正确。不符合标准:浅黄褐色或斑纹被毛以外的颜色的犬。白色斑块超过全身被毛的 1/3。

## 步态

从侧面观察,前躯伸展性好,背部保持水平,后躯有力。前肢稳定,不出现交叉和斜行。从前面观察,肩部保持平衡,肘关节不外倾。从后面观察,臀部不能摆动。行进速度较慢时,四肢平行;行进速度加快时,四肢的落地点趋向身体的中心线,但不相互交叉。肩部与前肢的连线虽然可以不与地面垂直,但必须是直的。同侧后肢应与前肢沿一条直线行进。但行进速度加快时,落地点趋向身体中心线。

**缺点** 踩高跷样步态或步伐无力,步态不流畅。

## 特征与性情

特征与性情对于拳师犬非常重要。作为护卫犬,拳师犬应机警、自信有威严。参加展示的犬只可能表现出适度的活泼。在家庭中,拳师犬对孩子非常耐心,且很喜欢嬉戏。拳师犬对陌生人显得谨慎且有戒心,对外来威胁会毫不畏惧,但对友好的表示反应很温和。拳师犬忠诚、聪明、温顺,这也使它能成为非常理想的伴侣犬。

**缺点** 缺乏尊严和机警,过于害羞。

## 失格条件

浅黄褐色或斑纹被毛以外颜色的犬。白色斑块超过全身被毛的1/3。

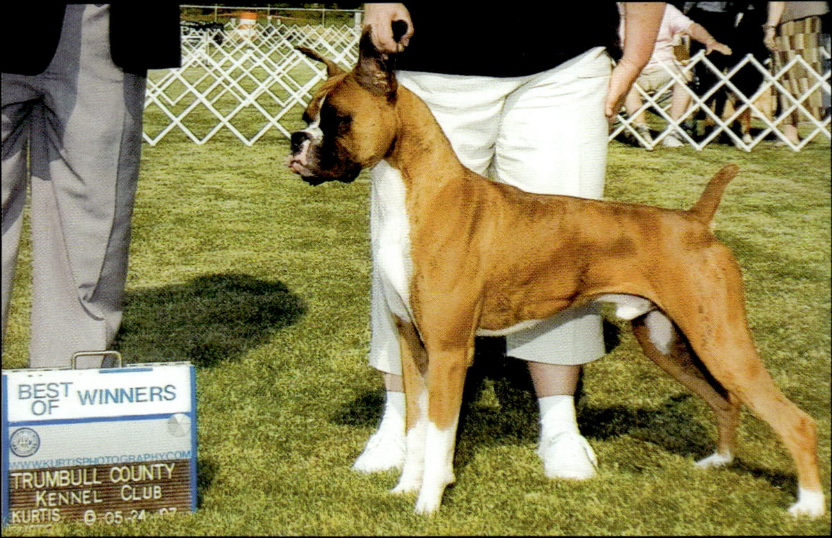
BEST OF WINNERS
WWW.KURTISPHOTOGRAPHY.COM
TRUMBULL COUNTY
KENNEL CLUB
KURTIS © 05-24-07

# 冠军名犬

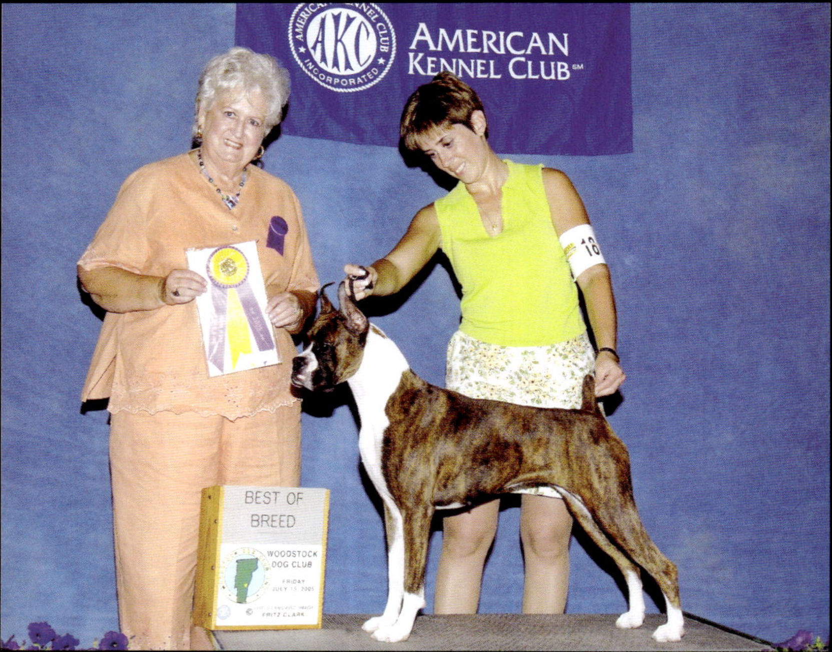
AMERICAN KENNEL CLUB
AMERICAN KENNEL CLUB INCORPORATED
AKC
BEST OF BREED
WOODSTOCK DOG CLUB
FRIDAY
JULY 15, 2005
FRITZ CLARK

第三章

# 拳师犬的评审与鉴别

犬种标准是对犬只理想状态的描述,在平常的实际评鉴中,我们必须对这些抽象的文字进行深入剖析,以便完全理解这些犬种要求。

## 身体构造与犬种功用相一致

拳师犬是人类成功繁殖的一个典范，一代又一代的繁殖者将它的每一个部位都雕琢得很完美。当我们评鉴一只犬时，要记住拳师犬是为什么目的而繁殖的。它必须和它最初的繁殖目标相匹配。然后在检查各个部位时，了解这些部位是怎样结合在一起，形成一个和谐的整体的。

拳师犬最初是为斗牛、斗犬所培育的犬种，后主要用做护卫犬。拳师犬的体型与结构须体现这一犬种功用。强而有力的颌、健壮的牙齿是为了能够牢牢的锁住敌人，直至彻底战胜对手。它的鼻尖稍高于鼻根，这是为了在紧咬住敌人不放的同时，还能保证鼻孔自由的呼吸。吻部两旁的褶皱则能在咬住敌人后，让敌人的鲜血顺着这两旁的褶皱流下，而不至于让鲜血流入眼中遮挡视线。它呈拱形的强劲的颈部，能提供强大的拖曳力量。它健壮的四肢，肌肉丰满的躯干都可提供巨大的动力支持。在一定速度下，它的步幅距离可以最大限度地涵盖地面，这可以保证其最大的攻击范围。裁去耳朵、截去的尾巴也是为了让它不屈服，看起来更威严。当拳师犬感到自己及其家庭有危险时，或觉得受到威胁时，它就会立即做出反应。我们在评价一只拳师犬时，应将这一犬种功用与其身体的构造结合起来，进行全面的分析。任何妨碍犬种这些功用与能力的缺陷，都会受到评审者相应的处罚。

## 犬种样式、整体平衡与身心健康的和谐统一

犬的外貌由犬种样式、整体平衡、身心健康三个部分组成，这三个部分也是评鉴一只犬是否符合标准的基本要素。当一只犬既具有犬种样式，又整体平衡，且身心健康时，这只犬才能是一只优秀的犬只。

犬种样式是犬种的核心内容，当我们评鉴一只拳师犬时，首先应注意它的犬种样式。拳师犬中等体型，呈方形结构，短而光滑的被毛，闪闪

发亮,浑身充满着力量感;整体姿态高贵优雅,品质卓越。作为评鉴人员一定要记住拳师犬的犬种样式。

　　拳师犬在整体看上去要协调、平衡。每一个单独的部位要和身体的其余部位形成恰当的比例。前后躯的角度正确,相互协调匀称(平衡)。即使某个部位再标准,再漂亮,如果看上去显得突兀,与整体不协调,那么这只犬也称不上是一只好的犬只。

　　健康的心理与强健的体魄也是一只好的拳师犬具备的素质。拳师犬聪明活泼、机警勇敢,它永远不会呈现出羞怯或神经紧张,但也不应呈现狂躁与凶暴之态。它也应有着健康的体魄,平时应处于良好的日常状态。

## 拳师犬整体结构与比例

1. 脖子　　2. 脖子的颈脊　　3. 尾根　　4. 骨盆　　5. 后臀
6. 臀部宽度　　7. 良好发育的肌肉
8. 跗关节　　9. 后腿系部　　10. 小腿
11. 膝关节　　12. 大腿　　13. 侧腰
14. 上收的腹线　　15. 胸深
16. 止动肉垫　　17. 猫足
18. 前腿系部　　19. 上臂
20. 前胸　　21. 肩胛骨
22. 脖子下方(要求干净无褶皱)
23. 垂唇　　24. 下颌
25. 位于鼻子前端的肉垫
26. 鼻梁　　27. 额段
28. 颅骨的顶端——稍微拱起

　　红色的线条代表犬体各部位的角度。

　　红线 A 代表肩胛骨与上臂的夹角,它们的夹角在 90~110° 范围之内,肩胛内与上臂等长。

　　红线 B 代表其后躯角度,大腿与小腿的角度在 90~110° 范围之内,和前躯角度平衡,大腿与小腿等长。

　　绿线 C 应长度相等。

　　马肩隆到肘部的距离应等同于肘部到地面的距离。

　　蓝线 D 应长度相等。

　　前胸到后臀的距离等于马肩隆到地面的距离。

　　红色虚线——若从肩胛中心点垂直到地面画一条线,它应正好止于前脚后。

　　黄色虚线——显示出肋骨的延伸,背部直,腿部短,臀部稍微倾斜。

## 侧面轮廓观察与评鉴

评价犬只侧面轮廓时，需要保持一定的距离。要从侧面观察犬的整体是否平衡，前躯角度与后躯角度是否保持平衡。一只好的拳师犬应该展现出正确的前后躯角度。

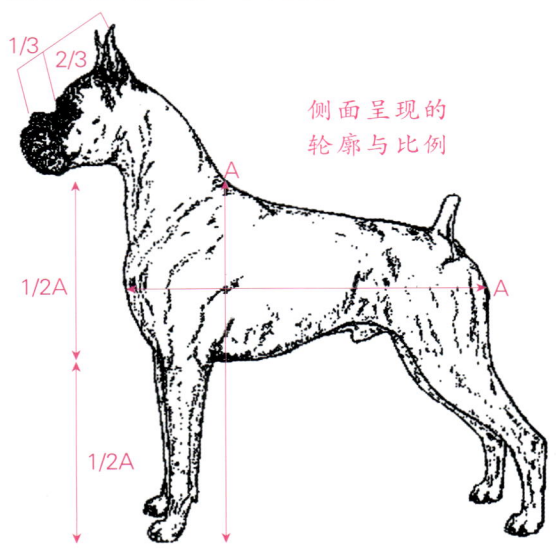

侧面呈现的轮廓与比例

从侧面看：拳师犬的头部相对整个身体而言，既不能显得太大，也不能显得太小。脖子的长度适中，线条流畅，自然地与肩膀连为一体。背部短，背线平直。胸深的长度与前腿的长度大致相等，胸深到达肘部。尾根的位置既不太高也不低，尾巴上翘指向时钟约一点钟的位置。尾巴后面应看到明显的、圆润的后臀。

## 拳师犬的头部评鉴

拳师犬有着非常独特的头部特征，无论是繁殖者还是评审员，都要特别注意头部的造型。拳师犬头部的大小应该和身体呈比例，既不显笨重，也不应显得轻巧。头部大致看上去感觉应是一个大正方体和一个小正方体的结合体。从头部往下看，头盖骨应该慢慢与吻部融合。位于面颊的肌肉应

标准母犬头部

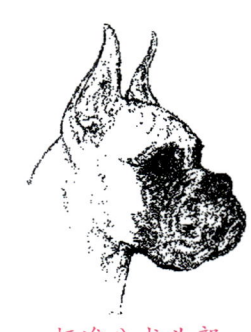

标准公犬头部

该流畅平滑,不应过于突出,也不松弛。下巴清晰,上下嘴唇应处于同一平面,但不可重叠。从侧面看,鼻尖要高于吻部的基部。

最初,对于拳师犬理想头部的外形就是这张慕尼黑剪影。图片清晰的显示了头部的平面和非常陡峭的额段之间的关系,且鼻尖要高于鼻根(吻部和额段交接的位置)。

吻部的长度占整个头部的 1/3 长度。虚线显示出多余的一段位于鼻子的前端,那是因为鼻子前端的肉垫填满了上下牙之间的空隙,还包括下巴上的肉垫。

吻部的宽度应是头盖骨宽度的 2/3。

拳师犬的头部应该是一个小型正方体和一个大型正方体的结合。

## 拳师犬的咬合评鉴

拳师犬是典型的地包天咬合。下颌比上颌突出,下颌轻微向上弯曲。下颌的门齿与犬齿位于同一条直线上,从而让下颌显得较宽。上门齿轻微凸出,位于角落的上门齿位于下犬齿后面,与下犬齿紧密结合。如果拳师犬经常流涎,则很可能是因为咬合不正确引起的。

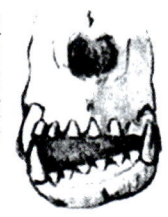

非常严重的缺陷 扭曲的咬合

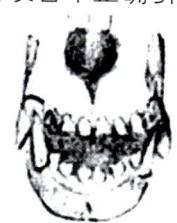

可以接受的咬合 轻微圆形咬合

最理想的咬合 正确的咬合

## 面部表情评鉴

拳师犬的面部表情由面部褶皱、眼睛、第三眼睑等构成。拳师犬的面部应该是深沉、机警、威严或带有些许忧郁的表情。

拳师犬头部应该显得干净而清晰。但厚重的垂唇和过多的褶皱,经

平耳 看上去更显温柔　　　　立耳 显得严峻忧郁

常可以同时出现在同一只犬身上,但头盖骨上的皱纹应该只有当犬警觉的时候才会显现出来。

拳师犬的眼睛大小适中,眼色深色,既不深陷,也不突出。眼睛富有神采。眼睛位于正确的位置,眼眶清晰紧密且不松弛。

标准的母犬眼睛　　标准的公犬眼睛

没有色素沉淀的第三眼睑可以破坏整个脸部表情,但这仅仅是小缺陷。每一个繁殖者都希望自己的拳师犬拥有2个深色的第三眼睑。

## 耳朵评鉴

拳师犬耳根位置高。被裁剪过的耳朵保持直立。自然的耳朵下垂,轻微朝前,紧贴面颊。

未裁耳　　立耳

## 前躯评鉴

与犬保持一段距离,在犬的前方观察犬的前端:前肢从肩膀到地面呈一条直线,肩膀处会有一些肌肉组织。前肢笔直,脚爪紧密似猫爪,与前肢处在同一条直线上。前胸既不能太宽,也不应太窄。

肩膀部位不可隆起,肌肉不能过于强壮。即使在年老时,拳师犬的前胸和肩膀也十分健壮,不会显得粗糙。

## 躯干评鉴

用手感触拳师犬的被毛:被毛的短而干净,富有光泽,质感平滑。用手触摸腰背:拳师犬的肌肉块较长、结实而柔韧,肌肉不应出现团状或过分隆起。手从头部掠过脖子、马肩隆,然后

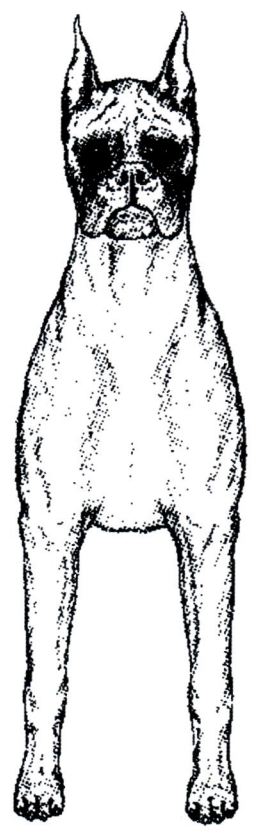

躯干外表流畅

移到背部,整个过程的触感应该很顺滑流畅,不应有凸凹感。身体表面不应有褶皱和隆起。

用手触摸拳师犬的前胸:查看一下双腿之间的空间是否恰当;查看一下前胸骨,这条骨骼长,

与后躯连接,在腰部轻微向上弯曲。

　　感觉一下拳师犬的各部位的连接:在侧肋的位置,最多只能放下3~4根手指,侧肋位于最后一根肋骨到后躯的这段距离(腰部)。

　　将拳师犬的尾巴抬高,用手感觉臀部:位于尾根处的臀部应该保持水平,位于尾巴前方的臀部不应有褶皱。

## 后躯评鉴

　　在拳师犬的后面观察:查看后腿的距离是否够宽;从耳朵后面到马肩隆的线条是否流畅;肩膀平滑,不应有过多的肌肉块;肋骨向后延展变窄,肋骨通过胸部到后躯,不应鼓起;肋骨具备充分的弹性;后腿系部垂直于地面,互相保持平行;大腿和小腿两侧的肌肉显著。

　　再把拳师犬向前牵引两步,让犬自然站立,这时再整体查看拳师犬的后躯。注意:幼犬没有不拥有像成犬一样的后躯宽度是正常的。

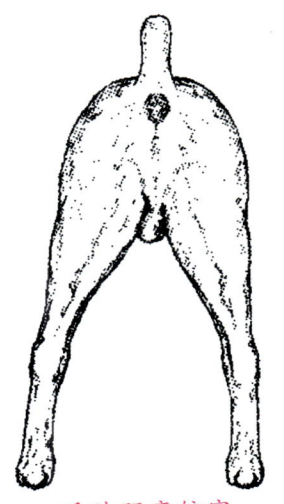

后肢距离较宽

## 步态评鉴

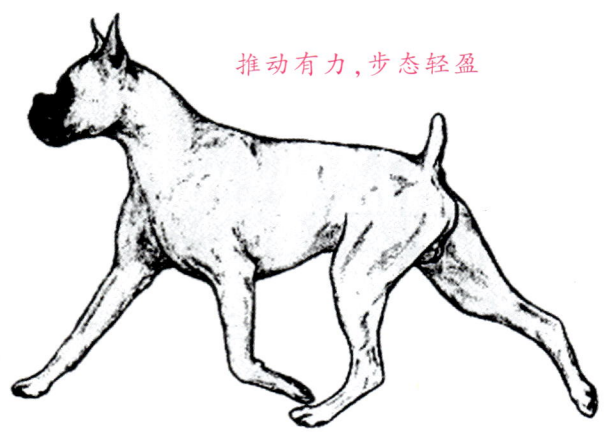

推动有力,步态轻盈

从后面观察:当犬的脚爪慢慢向犬体下方的中心线靠拢时,后腿系部保持稳固,后躯需保持强劲的推进力;前腿向前延伸充足,脚爪在犬体下方慢慢靠拢,从肩膀到脚爪保持一条直线;步态轻盈省力,用最省力的步幅涵盖最大限度的地面距离。

步态轻松自由。

当犬走完直线来回,当犬自然站立时,你就可以发现在进行步态评审中难以发觉的缺陷。围绕犬走一圈,检查各部位的角度,这时你也许会发现有的拳师犬前腿系部太直,有的拳师犬肘关节外翻,而有的拳师犬脚爪松散等。

## 侧面步态

错误的步态:头部的位置不正确　　　　　正确的侧面步态

## 颜色和斑块评鉴

黄褐色和虎斑色都是被认可的颜色。黄褐色的颜色范围从浅黄褐色到深红色,越深越理想。虎斑色有两种相对的类型,都是被接受的。一种是浅黄褐色的底色带有深色条纹,一种是深色底色带有浅色条纹。

对于头部的斑块,则不要让那些不在头部正中位置的,或者不规则的头部斑块干扰你的判断,从而错过一只拥有出色头部的拳师犬。头部的白色斑块可能会受到很多人的偏爱,但是一只黑色素沉淀的黑色脸部,同样会展现非常可爱的表情,并受到喜爱。

没有图案和花纹的脸部(黑色脸部)的拳师犬应和有斑纹的头部接受相同的评价。头部没有斑块绝对不是缺陷。

## 拳师犬的性情评鉴

拳师犬对陌生人大多保持着猜疑、谨慎和警惕的,但对于陌生人的友好态度及善意的行为也会及时给予温和地回应。这种性格是拳师犬作为护卫犬所应该具备的性格。无论任何时候,无论是成犬还是幼犬,都不能有胆怯的表现。拳师犬还是搞笑高手,与家人在一起时,它有点调皮,并能展现幽默的天性。

没有胆怯表现

随时保持警惕

## 失格

白色拳师犬属于失格,除虎斑色和黄褐色以外的颜色都属于失格。犬体白色斑块超过1/3的也属于失格。

第四章

# 拳师犬的展示

犬展是一个平台,一个展示爱犬风采、交流犬业信息的平台。如果你也对你的爱犬有信心,不妨带着它一起去参加犬展。

### 拳师犬的展示

犬展按级别可分为国际性犬展、全国犬展、区域性犬展及各俱乐部（协会）本部展。这些不同级别的犬展按规模还可分为全犬种展和单犬种展。全犬种展分为运动犬组、猎犬组、工作犬组、狸犬组、玩赏犬组、牧畜犬组等。单犬种展如拳狮犬单独展等。

**西敏寺犬展** 西敏寺犬展起源于一个世纪以前。那时，纽约的一些养犬爱好者经常聚集在西大教堂（西敏寺）饭店举办各种交流活动，并一起组织策划了第一届纽约犬展。现代的西敏寺犬展几乎成为当今世界最高级别的犬种展示比赛，世界各地的名犬都以在西敏寺犬展中夺魁为最高荣誉。西敏寺犬展实际上它是一个冠军展，参赛犬只基本保持在 3000～5000 只，但每一只狗都要经过主办者的认可和邀请。报名参赛的犬只无一不是身经百战的各地冠军名犬。

MBC Best of Breed 1957
Ch. Sabot of Grayarlin

MBC Best of Breed 1965
Ch. Salgray's Flaming Ember

**AKC 优卡杯犬赛** 美国 AKC 优卡国家冠军杯（也称世界挑战冠军杯），是全球一年一度的犬界盛事，每年至少都会有来自 40 多个国家或地

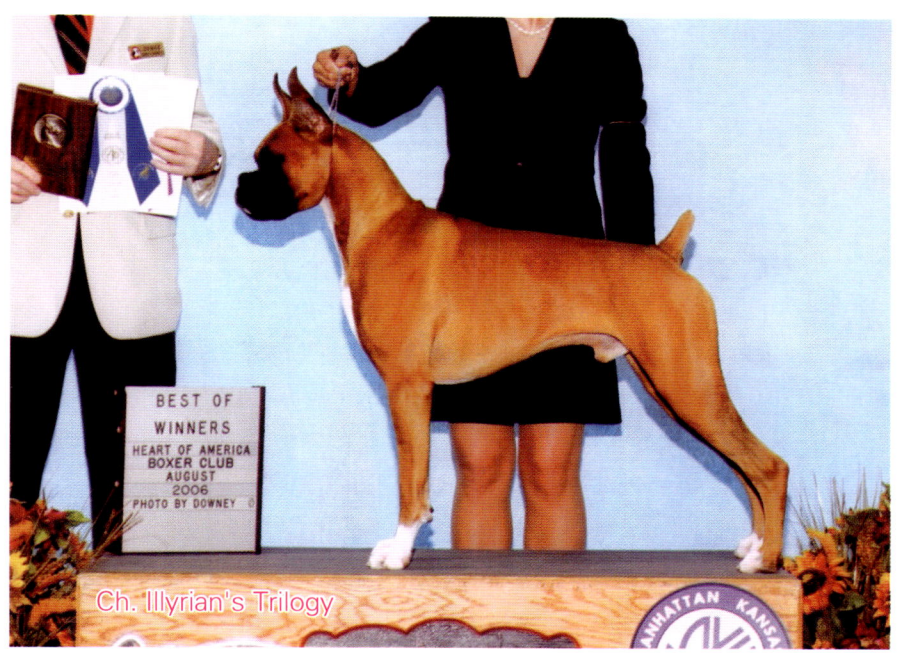

Ch. Illyrian's Trilogy

区的排行一的犬只参与此盛会,一比高低,以争夺冠军中的冠军。2008年第八届年度AKC优卡杯国家冠军赛在加利福尼亚长滩市举行,来自美国50个州和世界52个国家或地区的2300只优质犬只同场竞技,争夺高达225000美元的奖金和世界最高荣誉。

**克鲁夫特犬展** 克鲁夫特犬展是由狗饼干供应商查尔斯·克鲁夫特于1886年首创英国规模最大,规格最高的全犬种犬展,每届犬展都吸引了全球各养犬俱乐部或协会参与。1891年,克鲁夫特犬展成为第一个在皇室会馆进行并记录在册的犬展,这可能是在这个时期唯一纯属于个人的展出。1982年的犬展比赛时间为3天,1984年犬展时间已经达到了4天,并且有更多的观众和比赛犬只参加。1991年,百年克鲁夫特犬展在伯明瀚举行,这是转移出伦敦赛场的第一次比赛。现在所有世界级比赛当中,克鲁夫特犬展的规模最大,比赛犬只多达上万条!

**意大利米兰犬展** 意大利米兰犬展也是世界上最具特色的几大犬展之一。和其他重要的犬展不同的是,米兰犬展的参赛者除了那些专业的养犬者以外，更多的是业余的养犬爱好者和名犬发烧友。他们之中有来自意大利本土的，也有来自欧洲邻近各国的。

每到大赛举办的日子，爱犬一族常常都是全家出动，就像是去参加狂欢一样的来到米兰，为自己心爱的宝贝狗狗们加油。米兰犬展于每年的6月举行，为期4天。每次来参展的犬只多达15000条以上。由于参赛者的人数众多，初赛时往往在五六十个场地同时举行，仅评审团成员就有200来人，比赛场面壮观。

**国内犬展** 我国的犬展历史较短，上世纪九十年代末期才由个别城市的养犬协会小规模地举行，在全国范围内影响不大。进入二十一世纪，随着养犬业的发展，各大中城市纷纷成立犬协或俱乐部，各协会、各俱乐部之间加强了沟通，与海内外许多犬协或俱乐部的交流与合作也得到了加强，AKC、FCI等世界权威犬业组织也开始在中国设立相关机构，中国犬业发展开始进入国际化发展轨道。现在国内举办的各类犬展每年有近一

百场。中国台湾、中国香港、泰国、韩国等的一些犬舍也纷纷选送一些优秀犬只前来参加展示。

**参加比赛** 国内外犬业组织欲举办犬展时,通常会通过权威渠道发布消息,会印制宣传单及报名表分发至其所属各会员及相关协会单位,并会于几个月前在诸如等相关宠物类媒体刊登消息,你应留心查看;如果你想参加比赛,还须了解有关参展条件,参赛规则,需提供的相关资料,提前按要求向主办单位申请入会及报名,方可参展。如果只是参观,则于犬展当天到指定地点即可。

## 犬展的分组方法

不同的犬展分组方法是不同的,犬主必须仔细地查看赛事指南。现在国内犬展一般采用的是美国养犬俱乐部(AKC)和世界畜犬联盟(FCI)的赛事分组,以及各个当地协会制定的赛事分组。如果赛事是按美国养犬俱乐部(AKC)的标准的话,所有犬只分为七大组群。如果是按世界畜犬联盟(FCI)的赛事分的话,所有犬只分为十大组群;在此基础上,同犬种又分为公、母两组,然后依月龄的大小又分为幼

犬组（3～6月龄、6～9月龄）、青年犬组（9～12月龄）、成犬组（12～18月龄、18月龄以上）数组。国内大多数犬展都采用AKC和FCI赛制，有的犬展则采用两种赛制分别进行比赛。

单犬种展分组方式有许多种，但通常是分公、母两组，而后又根据月龄大小分为特幼组、幼小组、幼犬组、未小组、未大组、冠军组数组。

## 赛前的准备

决定参加犬展，当然希望爱犬能以最佳状态参展而一举成名，那么赛前有充分的准备可以使你信心十足。根据一些专家的经验，应做好如下准备：

1. 参展犬在赛前已预防接种，不然易感染某种传染疾病。

2. 若犬展在远地举行，最好提前1天到达，缓和其因长程旅途引起的疲劳。

3. 犬展当天应提早到会场，先找个阴凉的地方稍事休息，并避免日晒过度。

4. 参展当日犬只可食量减半或空腹，以免其参展中途呕吐而影响精神状态。

5. 准备犬只饮用水及其训练用精美食物。

6. 做好赛前准备工作，适应会场环境。

7. 不要殴打或恐吓它，以免其怯场。

8. 犬主保持轻松，并注意服装的整洁及保持个人的风度。

## 参展前的训练

### ◆早期的桌上站姿训练

若你想让你的爱犬参加展示,你应该在该犬3个月大时便开始进行训练,早期的桌上训练对于养成良好的站姿非常重要。

**训练步骤** 首先把犬抱到桌上,用右手托住它的下巴,左手把两脚之间的臀部托住,让它习惯站在桌上。如果犬觉得高,有点害怕,一直想蹲下或趴下时,主人要轻声安慰它,给它鼓励,让它习惯,然后再调整四肢的位置。

**位置调整** 如果前肢站不好,可以用右手将前肢托起后再重新放下,然后看位置是否正确,如仍一前一后则再重复一次,并用手把后肢关节拉成适当的角度后把尾巴扶起后翘,就可以把姿势摆好了。

站姿训练从桌上开始

**资质评判** 如果这只拳师犬是一只很活泼、胆子很大的犬,放在桌上以后不能安静,那么你就抓着它的尾部,将它放到桌子边缘,让它的前脚踏空,或后脚踏空,使它觉得如果不安静就会有掉下去的危险,它就会安静下来。如果这只拳狮犬很胆小,套上牵绳很久都不敢动一下,甚至一直发抖,怎么都不肯走时,那么你就该放弃对它的训练,它是不适合参加犬展的。

### ◆牵引绳控制训练

**引起注意** 刚开始训练时,当你喊一个口令,例如"定",它可能不知道你要它做什么,而仍然低着头不理不睬时,你就要用力地扯一下牵绳,以引起它的注意,使它把头抬起来看着你,这时你就将食物递给它,并且称赞它。如果它跳起来或站立起来时,你就把牵绳往下扯,并斥责

"不行",并马上把食物拿开,等做对了再给它。

**调整姿势** 如此重复训练,几次以后它就会明白你的用意,并愿意配合,这时你可以慢慢地把它"定"的时间加长,并且开始调整姿势。首先试着在"定"的时候,弯下腰用手扶起它的尾巴,让它习惯你的这个动作,然后试着抬一抬它的后躯,把后肢的位置摆好。一般这种训练可以在你牵走的中途停下来做一下,这样在赛场上更容易配合。

**保持距离** 另外要注意的是在"定"的时候,犬和你的距离不要靠得太近了,最好有1~2步的间隔。如果它靠得太近了,你可以弯下膝盖,顺势把它顶得后退一点,或者它站得不好时也可以让它转个圈重新来。

## 赛场审查

### ◆定姿审查

**动作要点** 指导手要以最完美的方式在最短时间帮助拳师犬做好定姿动作。将一只手放在犬的胸下部以抬高前端,然后将手移至颈部以使其做出正确的头部姿势,同时另一只手尽可能地调整后腿和尾巴,要像是爱抚狗而不是摆布它。轻触狗的最后一根肋骨下方,能使它收

### 特别提示

**对犬只的个体审查的注意事项**

当裁判接近犬只,对犬进行个别审查时,会先把他的手背让犬嗅闻,这种动作是告诉犬,裁判对它没有威胁。如果一只拥有正确性格的拳师犬,它是不会采取攻击的。它会用美丽的深色眼睛注视你,展现出自信的表情。而有些犬在裁判的手伸到面前时,可能会本能地往后退。往后退的犬显示出惧怕和羞涩的性格,这可能会让裁判误会,认为这只犬不具备拳师犬的正确性格。这种情况应引起参赛者的重视。

紧腹部肌肉,以达到最佳效果。

### 摆姿势的具体动作顺序

A.指导手将牵绳的另一端盘在手上。

B.用右手托住犬的下巴及前胸。

C.用左手托住犬的后躯,由两腿之间把臀部托住,让四肢平踩。

D.如前脚站得不好要调整时,应用托住下巴的右手,将两脚的距离排好后由前胸托起后再放下,看位置是否理想,如仍不好则再重复一次。

E.如后脚站得不好时,则用托住后躯的左手,将犬由两腿之间把臀部托起后再放下;如仍一前一后或呈牛肢状或O型时,则再重复一次,并可用手把后肢关节拉成适当的角度;如你的爱犬背线不良或中间拱起,则可把后肢的立足点拉离前肢远些(拉得后面一点),这样可以使背线较直,也可使前肩胛骨看起来较高。

F.待四肢的位置正确之后,用左手轻轻地扶着尾巴,右手轻托下巴,就可以把姿势摆好了。

以诱物调整狗狗的视线,以表现出狗狗自信的一面

步伐应有力而轻盈

◆ **步姿审查**

**评审要点** 在步姿审查中评审员希望看到的是步伐从容轻快、有弹性的犬。

**指导手职责** 指导手有责任提供足够的空间和自由,让犬以正确的姿势跑动,同时自己行动时也不能阻碍狗。指导手必须选择跑动的线路,并应该先熟悉场地。

**技巧** 要使犬的步伐达到最佳效果,需要先测定其小跑的速度。在家中练习时,可以请有经验者在一旁辅导。确定犬的正确步幅和皮带长度是非常重要的。最优秀的指导手和犬一起在场中表演时,会如隐形人般,让犬看起来似乎是完全自由地行动。实际上,这也是所有调教专家追求的目标。

虽然指导手与犬应以和谐方式跑动,但要当心跑动时不要模仿犬的步伐,因为犬可能会很自然地开始模仿你,并采取类似动作行进。犬展中也可能需要快步行走或疾走,疾走时需要足以胜任的指导手,才能让它正确地跑动。在跑动时,要确定前面有足够的距离,以使你的参赛犬不会被迫缩短步幅。

**拳师犬在赛场上展示出的性格**

在赛场上成年的拳师犬应该展示出威严、庄重和自信。若对裁判表示出惧怕的表情,不具备正确的性格,是不被接受的。表现出害羞或惧怕的拳师犬必须受到应有的处罚。当拳师犬对其他犬只表现出攻击欲望,不应该被视作缺陷,但应在参赛者的完全控制之下。

# 赛场牵犬技巧

## ◆ I 字型的牵走

**牵走路线** I 字型就是从原点出发走直线，至终点后做 180° 的旋转再回到原出发点。

**评审要点** I 字型的牵走主要便于审查员观看犬的后肢，及前肢的步容和架构。

**牵走技巧** 进行 I 字型牵走时，犬步容要轻快，速度适中，令其配合指导手的步伐，不要离开人太远或靠得太近。到终点旋转时，指导手应以单脚固定，以另一只脚旋转，犬在人的外侧绕圈旋转。如犬走得慢时，指导手可以配合其走小步一点。旋转后审查员开始注意犬的正前面走姿，要注意犬的头部，不要让它有低着头像老牛拉车似的步容。如果你的爱犬后肢较弱，就要把牵绳放松一点，让犬的重心前移，就会改善许多。另外它出现牛步时，牵绳可以一松一紧地控制，来改善它的牛步。牵四肢均衡的犬时牵绳不要过紧，否则容易使它前脚踏空前肢踏空时容易有交叉步容出现，应尽量避免。旋转后，步行至审查员前一米处时应停止，并把姿势摆好。

## ◆ 三角型的牵走

**牵走路线** 从起点按逆时针方向呈三角型路线行走。

**评审要点** 在第一条直线时，审查员主要审查后肢；转第一个弯时审查员主要审查全身结构、比例；在转第二个弯时，审查员主要审查前肢、整体结构和步态。

**牵走技巧** 进行三角型牵走时，要让犬昂头挺胸且精力充沛地快步前进。在转弯时指导手应大步急转，以跟上犬的步调。遇上精力充沛、动作灵活的犬时，可以用 I 字型的转弯法，以免犬走得过快而扰乱步调的和谐。

◆ **圆型的走法**

**牵走路线** 一般圆型的走法是以逆时针的方向做全场的牵走。

**审查要点** 圆型牵走时审查员主要查看犬的"定"姿。

**牵走技巧** 一般此种走法大都是整组犬一起走,做比较审查时使用较多;或整组犬出场后,个别审查之前或之后绕行整个赛场,以做比较审查。由于是整组犬一起走,因此要注意保持彼此的距离,并依审查员的指示,慢慢地加快速度,以最美、最和谐的步伐前进。走得较慢的犬可以较靠内,速度较快的犬可以走外侧或者慢点出发,以保持适当的距离。如审查员示意停止时,立即摆好站姿,把犬"定"起来,并随时注意审查员的视线,调整方向,以完美的侧面"定"姿对着审查员。切记不可把犬的屁股朝向审查员,否则即使你的犬"定"得再好,也会被扣分。

**展示步态时的注意事项**

拳师犬的步态自由、流畅、轻松,步伐稳固。速度既不能太快,也不能太慢。当前腿向前延伸到极限时,从肩膀到前脚爪应该呈一条直线。后腿向后延伸到极限时,臀关节到后脚爪呈一条直线。头部向前,保持步态平衡。背线保持水平。尾巴向上抬高。

## 指导手的着装

参加犬展时指导手必须要穿正装。这不仅是对犬展的尊重,而且还可以在体现自己的美感外衬托出参赛犬的英姿。

**颜色要协调** 服装的颜色不要和狗狗的被毛颜色相同或相近,不要穿黄褐色系的服装,最好选择互补的颜色。这样狗狗的整体轮廓才能更加清晰地呈现在审查员以及观众面前。

**服装要比赛服务** 服装要尽可能地为比赛服务。例如长度适中的衣服可以展现跑动中的风采,不会因为飘动的下摆而影响狗狗的注意力;肥瘦合适的裤子可以使你行动自如,又不会显得臃肿。值得一提的是,一定要选择衣服的右侧有一个较深的口袋的服装,这样可以放置一些比赛必备的东西,比如用于吸引狗狗注意力的食物,但是要保证在跑动的过程中这些东西不会掉出来。

**体现个性魅力**　虽然是穿着正装上场,但是还是应包装自己,展现自己的个性魅力。这样不仅仅可以让自己显得更有精神、更有风度,而且也可以衬托狗狗飒爽英姿的一面。比如可以在服装的细节上融入更多的时尚元素,让评委和现场观众对你和你的爱犬留下深刻的印象。

## BIS 的六要素

根据美国 AKC 众多裁判的经验,他们总结出要获得 BIS 有以下几个要素:

**接近标准**　犬种标准,它是判定纯种狗素质的参考依据。每一种犬的犬种标准都涵盖了对犬的形态和结构的描写,其中包括:总体外观、体形、比例、头部、背部、身体、前躯、后躯、被毛、配色、步态、性格,当然还有对于这个犬种来说各个部分的缺陷。犬展中审查员比较狗的优劣,最基本的方法就是给狗逐一打分。狗狗的综合分数越高那它就越接近犬种标准。当然不同品种的犬在同场竞技时,审查员仍然会依照各个犬种的犬种标准独立打分,哪一只犬越接近该犬种的标准,其得分就会越高。得分最高者便会从中胜出,最后获胜的机会也越大,所以 BIS 的六个要素中最基本的要素就是要参展犬本身是一只血统优良的纯种犬。

**培养管理** "千里马常有而伯乐不常有"。其实有很多血统良好具备参展素质的幼犬，没有拿到好成绩的原因并不在于它们本身的素质，而是缺乏良好的培养和科学的管理。管理包含很多非常专业的内容,例如：营养、运动以及日常生活中很多习惯的培养,样样细节都不能疏忽。管理是一个细致入微的工作，例如不同的地面会对狗的爪形、关节产生不同影响，点点滴滴无处不在地体现着管理者的技术。现在国内有些犬舍花重金从国外引进冠军狗，刚到国内时在犬展中都能拿到一些大奖，可过不了多久这些冠军狗狗便成绩大幅度下滑，最后往往杳无音信。为什么会出现这种"江郎才尽"的现象呢？这其中一个很重要的因素就是缺乏高技术的科学管理，所以我们在引进好的犬只的同时更重要的是引进其先进的管理技术。

**科学训练** 即使是一只外形条件非常优秀的狗，如果缺乏训练，也难以在赛场上展现出自己的气质和精神状态，最终也很可能会被淘汰出

一只血统优良的拳师犬是获得冠军的前提

局。有人认为参展犬的训练科目只包括牵引随行的摆姿势。其实对于参赛狗来讲,游戏和玩耍也同样非常重要。因为在游戏的过程中,狗和主人会建立非常自然地依赖关系,而且狗和主人都会获得快乐。这对狗的亲和力和自信心的培养都是非常有利的。自信心对参赛狗来说同样是至关重要的。一只自信心十足的狗狗往往能获得审查员的青睐。

获得好的成绩离不开平时精心的训练

**参赛美容** 犬展上,除了能让狗保持清洁外观之外,还要根据犬种标准的规定及每只狗的特点,考虑到如何掩盖修饰它们的不足之处,使它们看上去更加接近标准。

**临场发挥** 在犬展中,当两只狗在外观标准都比较接近时,这时指导手就成为了决定胜负的关键人物。一名优秀的指导手,对参赛犬只的管理、训练等技术精通。他可以利用丰富的经验、敏锐的思维、细致的观察来调整狗的状态,调动狗的情绪,掩盖狗的缺陷;以优美的姿态,轻盈的步伐,高超的技巧去展现一只狗最完美的一面。指导手是犬展中的灵魂人物,他们在奔跑中追逐目标,在秀英姿中展示自我,在赛场上寻找快乐。

**比赛环境** 这里的比赛环境所指的是人文环境。因为各个国家对于相同犬种的标准或多或少会有所差异，因此，同样级别的赛事由来自不同地区的审查员来评判，很可能出现不同的结果，这是很正常的。另外一方面，因为审查员毕竟也是人，他们也有着自己的喜好与观点。标准是一把尺，每个审查员都有自己衡量的方式，在不失公允的情况下，审查员根据个人的偏爱来决定比赛的成绩是无可厚非的。报名参加犬展，就意味着要接受比赛的结果，并且尊重评审的决定。犬展的结果就像足球比赛一样，有时往往出乎人的意料，也许这也是犬展的另一个魅力所在。追求BIS是我们的目标，但不是我们的宗旨。我们的宗旨是参与到这场有趣的活动中展示爱犬。

第五章

# 拳师犬的选购

拳师犬对家庭的依赖性很强,非常忠诚,会尽全力保护我们。它们已经融入我们的生活,成为目前最受欢迎的家庭宠物。

## 选购前的必要了解

### ◆ 对主人忠诚 依恋性强

拳师犬对主人非常忠诚，对陌生人则很谨慎。当拳师犬日益成熟时，它的这个特点就会逐步显示出来，而公犬相对于母犬表现得更为明显。当一只拳师犬在自家门口时刻保持着笔直的站立姿势，坚定而自信地站着，一双有神的眼睛警惕地注视着周围时，不法之徒又怎敢擅自闯入。为了保护主人及家园，拳师犬总喜欢以一种高高在上，且咄咄逼人的姿态

有拳师犬在身边，就会很有安全感

站立在侵入者面前。作为拳师犬的主人我们要对拳师犬这种与生俱来的防护意识有着正确的了解。既不能过分鼓励它，使它过于凶狠好斗，也不能能过于限制，从而它失去了这种护卫的本性。它不会无缘无故地吠叫，但仍然可以非常出色地执行护卫任务。

拳师犬外表看起来虽然威猛，但它其实也是一种非常棒的宠物犬。当拳师犬来到家庭中后，它很快就会对主人产生依恋之情，它会每天黏在我们身边极力向家人示好。

拳师犬很喜欢和家人呆在一起，我们尽量不要把它长时间的单独关在家里，因为它们太害怕孤独了，这种寂寞无聊的日子会令它们感到沮丧。当它们烦躁和孤独时会变得异常凶恶而极具破坏力，它会在家里发泄"怒气"，用它锋利的牙齿乱咬东西，乱咬、乱啃地毯之类的东西。作为拳师犬的主人，我们应该多花些时间陪伴他们，以适时地分散它们的注意力，以免给我们的生活带来不必要的麻烦。应尽量和它们一起游玩、嬉戏，带它们在不同的地方，增加它们的新鲜感，减少烦躁情绪。

### ◆ 有着极强的表现欲

拳师犬有着极强的表现欲，在任何情况下，任何场所，它都会通过不

同形式,以证明自己的存在。拳师犬很具有搞笑天分,它们对自己扮演"小丑"角色真是乐此不疲。在家庭中,它乐于听到我们由衷的笑声,它们会把我们当成了它们的"粉丝",为吸引大家的关注,它会更卖力的进行表演,甚至有时候它们还会扫视一遍"观众",看是不是所有人都把注意力放在了它的身上。

在所有狗种中,拳师犬的面部与我们人类面部最为相似,它的表情非常丰富,它们微微皱一皱鼻子,晃一晃耳朵就能很容易地引起人们的注意。这种短鼻子的拳师犬很更容易让我们从它们的面部表情中猜透它们的心思。

◆ **雄性犬之间易引发争端**

雄性拳师犬在与其他犬相遇时,它们总是锋芒毕露,总是摆出很强势的姿势,这种姿态更因其断耳断尾后而显得更加明显,同时拳师犬呼吸时发出很大的声响,对其他狗来说也是一种潜在的威胁。其他狗不容易理解拳师犬这种强势的表情和举动,因此会对它们充满防范与警惕。有时尽管拳师犬并没有侵犯的意图,但拳师犬的这种强势举动仍可能会遭致其他犬只的攻击。为避免出现这种情况,作为拳师犬的主人应该让犬在很小的时候就和身边的其他狗多接触、多交流,使它们逐步掌握犬类之间的"社交礼仪",这能让在它成年后更好的与其他犬只和平相处。

拳师犬这种强势的姿态如果遇上其他想争夺首领地位的犬时则更容易引发冲突。特别是当一只雄性拳师犬与其他雄性同伴相遇时,拳师犬会把其他雄性犬视为入侵者,

它会在"自己的地盘"里来回踱步严加防范,并气势汹汹地冲着对方,随时准备发动攻击。这个情况需要引起我们重视。如果我们的周围有许多犬只,这样就增加了拳师犬与其他雄性犬相遇而发生争斗的机会。

当雄性的拳师犬成年后,它的攻击意识就不再那么强烈。到这个阶段,它们不会轻易地挑起冲突,但是一旦有危险出现,它们也绝不会退缩。如果攻击行为一再出现,就可能会形成习惯。

### ◆ 了解拳师犬以前的工作性质

过去很多犬种都是人们培育从事各种牧羊、打猎、护卫等各项工作,现在它们的生活发生了巨大的变化,它们不用再在野外从事各种工作同,绝大部分都呆在家中享受着无忧无虑的生活,它们的行为习惯也有了相应的一些改变。但无论怎样,这些以前的工作犬,它们的血液里还流淌着祖辈的血液,它们的骨子里还保留着过去的一些方式与习惯。作为犬的主人一定要对它们以前的工作性质有一定的了解,如果我们在选择拳师犬时只注重它们的外表,不考虑它们以前的生活方式是怎样的,就很难了解和掌握这个品种的行为习惯。

拳师犬是有攻击倾向的犬,它们的攻击性是从祖辈一代一代遗传下来的,它们这种"攻击性"是可以更好的保护自己,比如斗牛、斗犬比赛等,只有将对手置于死地,自己才能获得新生。虽然它们还保持着攻击性,现在拳师犬已经融入了家庭之中,但它的这种好斗倾向还是应该引起我们重视,我们应该适当地抑制它们的攻击习性,通过正确的引导让它变得更友善,更容易亲近。

## 评估你是否适合饲养拳师犬

### ◆你的生活方式能否照顾好拳师犬

在把拳师犬带回家之前,你应仔细思考一下你的生活方式是否适合饲养拳师犬。若你有可能长时间不在家,或你的作息时间不规律,家里长时间会没人时,建议你还是不要饲养为好。拳师犬特别渴望得到主人的抚摸与关怀,无论是幼犬还是成犬都需要人们的陪伴。它们很容易因为分离而焦虑不安,如果独处的时间超出了它们承受的限度,便会引来一系列的破坏性效果。

### ◆家中有小孩者慎养拳师犬

拳师犬虽能和孩子融洽相处,但它们并不适合与孩子单独相处,特别是家中有婴儿和初学走路的孩子。小孩与拳师犬玩耍时,拳师犬有时会无意撞到小孩;此外拳师犬玩到尽兴时,可能会有些猛烈狂暴的举动出现。尤其是当孩子邀请同伴到家里玩耍和游戏通常是非常吵闹的,这有可能让家中的拳师犬误认为其他小伙伴在对自己的小主人进行攻击,此时它们可能会为了保护小主人而去攻击其他孩子。因此,当拳师犬和孩子们一起玩耍时,一定要密切注意它们的一举一动。要尽量避免拳师犬单独和孩子在一起。

### ◆是否有足够的空间让其自由活动

同其他许多工作犬一样,拳师犬每天要消耗大量的食物并需要大量的运动。拳师犬有着极强的适应能力,只要有合适的环境,它们就会很快的融入我们的生活之中。拳师犬需要一个广阔的室外空间,在那里它们

拳师犬需要一片自由活动的草场!

能够自由的玩乐、奔跑,浑身散发着活力。如果你没有一个供它能自由活动的场地,成天将它关在一个狭小的屋子里,它会因能量得不到释放而出现各种心理与生理上的疾病。因此,是否有足够的活动空间是每一个欲拥有拳师犬者应考虑的一个问题,因为拳师犬不会喜欢上深居简出的公寓生活。

## 选择什么样的拳师犬

**赛级犬还是宠物犬** 购买之前你一定要确定好是购买赛级犬还是宠物犬。赛级犬一般价格会高很多,当然不仅仅是价格的不同,在标准上你也要更加严格地审查;但是,如果你只是想让它作为一般的宠物,就完全没有必要买赛级的,毕竟那样是很浪费资源的。值得一提的是,购买赛级犬时,你应该将犬逐一做一下简单地审查。经过比较后,犬的优劣就大致显现出来了。

**公犬还是母犬** 第一次养狗的人大多选择雄性小狗饲养,这是因为雌性小狗要怀孕,要生小狗,这些都是很麻烦的事情,这样就省去了许多麻烦。从这个角度来考虑确实是这样,雄性的小狗比较容易饲养,但是只要给雌性小狗做节育手术,问题就很轻松地解决了。

其实雄性和雌性狗在性格上没有多大差别,但如果你一定要问雄性和雌性哪种更容易饲养,我们认为还是雌性的。一般来说,雌性的小狗是比较容易驯服的。通常情况下,雌性小狗比较听主人的话,之所以这样说,是因为狗有一种本能——强烈的占有欲,不断地扩大自己的势力范围。这对于主人来说是一件非常头疼的事情。既然要扩张自己的地盘,当然免不了要和别的小狗打上一架。这种本能,雄性小狗的意识要更强烈一些。

## 在何处选购拳师犬

在决定购买拳师犬时,你就得考虑一下到什么地方去选购了。市面上能买到拳师犬的地方不少,但是你得根据自己的需求情况以及售卖地点的优缺点来决定到何处选购。

**大型狗市** 大型狗市上的狗的来源不好确定,有好有坏,而且这些卖主多为个体私营,所以很难说他们的信誉如何。由于是一个大型市场所以狗比较集中,疾病的传染几率也比较大,因此就需要我们有一个很好的鉴别能力。

**正规犬舍** 正规犬舍的特点是营业地址固定。种犬的来源渠道多为国内外著名犬舍;幼犬为自行繁殖,饲养程序和技术专业化、标准化,

所以狗的质量和血系也很好,也是由于上述原因所以狗的价格也比较高。一般会是狗市上价格的2倍,赛级犬可能会达到4～5倍,但是随着现在的宠物业的发展,很多犬舍也开始大幅度降价了,毕竟现在是市场经济,任何行业都要遵循供求规律。

**特别提示**

**索要血统证书**

分析品种是否纯正的重要依据就是血统证书,因此,在购买时你一定要记得向卖主索要。如果你购买的是纯种犬,一般都具有的。它对以后的饲养管理以及繁育工作有着重要的参考价值。如果你要带它去参加大型犬展,那更是重要凭证。

**朋友家** 朋友家这是最佳选择。如果朋友家里有自己繁育的犬出让那再好不过了。一方面犬的价格比较实在甚至是免费领养;另一方面,能繁育幼犬说明其已有一定的饲养经验。在把狗狗交给你之前,他会详细地向你传授饲养方法。今后如果你在饲养过程中遇到问题,也可随时向其请教,减少了许多不必要的麻烦。

## 选什么年龄段的犬只

**3个月以下的幼犬** 如果你决定要购买3个月以下的幼犬那你就要做好准备,因为你要学怎么为它上牵引绳并让它习惯,怎么让它适应外面的世界以及食物的准备,特别是要训练它养成固定地点大小便的习惯。这些都需要耐心和信心以及科学的指导方法。在这一过程中,你也许会感到烦闷,但是你必须要坚持。其实每当这个时候,你不妨换个角度想

想,伴着你的爱犬慢慢长大,也是一件很惬意的事情。每当它有了新的进步的时候,你一定会感到无比的快乐。

**3～6个月的幼犬** 3～6个月大的幼犬在大小便训练上比3个月以下的要容易得多,但是由于买回时年龄已稍大,因此你必须花更多的

时间在它的训练上,并且让它能在最短的时间内适应新的生活环境。

**6个月至1.5岁的犬**

6个月至1.5岁大的犬正处于青春期,很容易让人误以为它们已经长大,其实它们的心理还是像小狗一样,可能对自己长大

3个月前的狗狗太弱小,不宜购进

的身体还不是很适应,它们可能会比较粗鲁、精力旺盛、非常活泼。尽管如此,选择了这个年龄阶段的狗狗你也不必担心,只要你坚持训练、引导它,相信最后还是会让你满意的。

**2~6岁的犬** 2~6岁的成犬已经定型了,如果购买这一年龄段的狗,你必须要对它的状况作一个详细地了解。如果其生理和心理都很健康的话,那应该比幼犬好饲养,在训练方面也容易一些。

**6岁以上的老年犬** 6岁以上的老年犬多数人不会考虑购买,因为它们的生命时光已经不多了,但是他们会很容易接受新的环境,也很容易接受你给它的新的规范。但在喂养方面的讲究就比壮年时要多。比如营养搭配方面、生活环境的设置方面都有更细节的要求。

## 拳师犬幼犬性格测试与选择

拳师犬正确的性格非常重要,我们可以通过一些测试来测评幼犬的活动力、感受力、情绪状态及社会能力、解决问题能力及其他狗相处的能力,然后评定这只狗是属于外向的、有攻击性的、被动的或胆小的,支配欲强的或依赖性高的。这些测试并不一定完全准确,但可作为选购小狗时的参考。

**测试一** 在整胎狗一起时,测试小狗的友善程度。当你坐下来叫它时,它应该表现很高兴看到你,向你走过来。如果它完全不理睬,那就不是好现象。

**测试二** 拿着玩具在地上拖动,它应该会被吸引,甚至于要追着玩,最后整胎狗可能都跑来要追着玩,这是好现象,完全没兴趣的小狗,表示以后很难训练。

**测试三** 狗在硬地板处专心玩时,你突然在1.5米远处把不锈钢碗丢到地上,看看这个响声是否会

*性格良好的拳师犬不会乱惹麻烦*

吓到它,正常反应应该是小狗会想去查看响声来源,然后就又继续玩。如果小狗表现得很害怕,而且不肯继续玩耍,表示它胆小,太过敏感。

**测试四** 把狗与同胎小狗分开,单独跟它玩几分钟,然后用手压住它胸部的方式,把它仰压在地上,温和地牢牢地压住它,小狗应该会挣扎而且会哭叫一下,表现出它不喜欢被强制,但最后还是会放松下来而屈

---

**相关链接:美国幼犬的性格测试**

美国的兽医师认为幼犬的性格测试应该比身体健康检查来得重要,因为如果能将有焦虑及恐惧倾向小狗过滤掉,对日后行为总是防范是很有帮助的。美国对幼犬的性格筛选自7~8周龄即开始,由幼犬完全陌生的人员来执行,但不可在幼犬刚施打预防针或动手术3天之内举行。首先,测试人员先在一旁观察幼犬的活动,以了解它们的社交能力,如果幼犬表现出害羞、多动或无法控制的乱咬,就会被列为"不适犬"。然后只留下合格幼犬继续测试,看看在它们玩时或叫它时的反应。最后则要测试幼犬对外界刺激的反应,并一一纪录下来。所谓外界刺激包括让幼犬侧卧,帮它美容、修剪趾甲、用手握住它的吻部,以及测试它对声音的反应。研究发现,幼犬在受嘈杂的声音刺激之下,心跳加速后,一般均可在36秒内恢复正常心跳,而超过这个时限者,就比较有焦虑倾向。

服。如果它一点也没挣扎,表示它很消极,这是拳师犬应有的个性;如果它反应激烈,对你怒吼及威胁,表示它有领袖欲,将来可能会很凶暴。

**测试五** 这项测试必须去掐小狗的脚掌,所以应该先请求繁殖者的许可,如果繁殖者很有经验,应该会欣然同意。因为有时候我们会无意间踩到它的脚或尾巴,如果家中有小孩这种意外机会更高,甚至于被躺在门边的狗给绊倒。所以下面这种测试很必要。首先与小狗玩几分钟,然后抓起它的脚,在脚趾头之间蹼膜处狠狠捏一下,如果力道够的话,小狗当然会哇哇叫,在它叫完后,再度表示要和它玩,或是伸出手要拍拍它,如果它很快就原谅你,开始又跟你玩,或是让你摸它,表示它将是一只很棒的伴侣犬,尤其能狗和小孩相处。如果小狗跑掉,甚至变得有攻击性或想咬你报仇,那这只狗就不用考虑了。

## 如何挑选健康的幼犬

**大体外观** 通常,一只身体健康的拳师犬幼犬看上去就很活泼。它乐于和你一起玩耍,因为玩耍是它生活中非常重要的一部分。它总是精力充沛的样子,几乎随时想出去溜一溜。

**眼睛** 眼睛应该是黑亮、机警的,除了内眼角的少量的"睡觉产物"以外,没有其他

选购时从整体上检查一遍

的分泌物。

**鼻子** 它的鼻子通常发凉而潮湿,没有鼻涕,但有一些少量清凉的液体是很正常的。

**口腔** 健康的犬只口腔是清洁湿润的,黏膜呈粉红色,舌头鲜艳红,无舌苔,无口臭,犬嘴呈闭合状。如果有口臭,便可知其牙齿有病或者消化道有问题。

**耳朵** 耳朵内部看上去呈苍白的粉色或灰白色,摸上去光滑而柔软,不会见到蜡状物,也不会有什么令人不愉快的气味。它不会常常搔抓耳朵或是过分地摇晃脑袋。

**肛门** 健康的犬只肛门是紧缩的,周围清洁且无污染物,粪便软硬适度成条状。当患有痢疾等消化道疾病时,常见肛门松弛、周围污秽不清。

第六章

# 拳师犬的日常管理

不论是幼龄拳师犬还是成年拳师犬,它们都喜欢打闹嬉戏。对于这么一种精力充沛的狗狗,需要有科学而正确的管理方式。

## 营养管理

◆ **营养需求**

**水** 水是犬的营养物质之一。成年犬躯体约含有60%的水,幼犬的比例更高。体内所有的生理活动和各种物质的新陈代谢都必须有水的参加才能顺利进行。构成肌体的细胞和组织由于吸收了大量的水,才能具有一定的形态、硬度和弹性;营养物质的吸收和运输,代谢产物的排出,均需溶解在水中之后才能进行等;而且犬体内没有特殊的储藏水的能力,失水将比断食能更快地引起死亡。当犬体内水分减少8%时,即会出现严重的干渴感觉,食欲降低,消化减缓,并因黏膜的干燥而降低对传染病的抵抗能力。长期饮水不足,将导致血液黏稠,造成循环障碍。当因缺水而使体重消耗20%时,可能导致死亡。

**特别提示**:在正常情况下,成年拳师犬每天每千克体重约需要100毫升的水,幼犬每天每千克体重需要150毫升水。高温季节、运动之后或饲喂较干的饲料时,应增加饮水量。实际饲养中可全天供应饮水,任其自由饮用。

**蛋白质** 蛋白质是犬生命活动的基础,是其体内除水分以外含量最多的物质,约占犬体重的一半左右。蛋白质是犬最重要的营养物质。构成蛋白质的基本物质是氨基酸,约有20多种。饲料中的蛋白质必须降解成氨基酸后才能被机体吸收利用。氨基酸可分为必需氨基酸和非必需氨基酸。评价饲料蛋白质,不但要看其数量,还应看各种氨基酸的组成状况。蛋白质或某些必需氨基酸供给不足,会使犬体内蛋白质代谢变为负平衡,引起食欲下降、生长缓慢、

供给均衡的营养,才能保证体魄强健

体重减轻、血液内蛋白质含量降低,抗体的形成受到影响,使免疫力降低,公犬精液品质下降、精子数量减少,母犬发情异常、不受孕,即使受孕,胎儿也常因发育不良而发生死胎或畸胎。但过量饲喂蛋白质不但造成浪费,也会引起体内代谢紊乱,使心脏、肝脏、消化道、中枢神经系统机能失调,性机能下降,严重时发生酸中毒。

**特别提示**:一般情况下,成年犬每天每千克体重约需 48 克蛋白质,而生长发育时期的幼犬约需 9.6 克。

**脂肪** 脂肪是犬机体所需能量的重要来源之一。犬体内脂肪的含量约为其体重的 10%~20%。脂肪也是构成细胞、组织的主要成分,又是脂溶性维生素的溶剂,促进维生素的吸收利用,贮于皮下的脂肪层具有保温作用。脂肪进入体内逐渐降解为脂肪酸而被机体吸收。大部分脂肪酸在

体内可以合成，但有一部分脂肪酸不能在机体内合成或合成量不足，它必须从食物中补充，称为必需脂肪酸，如亚油酸、花生四烯酸等。当饲料中缺乏时，可引起严重的消化障碍，以及中枢神经系统的机能障碍，出现倦怠无力、被毛粗乱、缺乏性欲、睾丸发育不良或母犬发情异常等现象。但脂肪贮存过多，会引起发胖，同样也会影响犬的正常生理机能。

**特别提示**：幼犬日需脂肪量为每千克体重1.1克，成年犬每日需要脂肪量按饲料干物质计算，以含12%~14%为宜。

**碳水化合物** 碳水化合物在体内主要用来供给热量，维持体温，以及各种器官活动时和运动中能量的来源。多余的碳水化合物，在体内可以转变成脂肪而贮存起来。当犬的碳水化合物不足时，就需要动用体内的脂肪，甚至蛋白质来供应热量。犬因此会消瘦，不能进行正常的生长和繁殖。

**特别提示**：成年犬每日需要的碳水化合物可占饲料的75%。幼犬每日需要碳水化合物为每千克体重约17.6克。

**维生素** 维生素是动物生长和保持健康所不可缺少的营养物质，其量虽极微，却担负着调节生理机能的重要作用。如果维生素缺乏，将使体内必需的酶无法合成，从而使整个代谢过程受到破坏，犬就会衰竭而死亡。饲料中维生素过多时，同样可产生过多症。犬体内只能合成小部分的维生素，大部分维生素需从饲料中获得。维生素的种类很多，按其溶解性可分为两大类。能溶于水的维生素称为水溶性维生素，包括B族维生素、

**维生素的需要量/kg 体重、来源与作用**

| 维生素 A110IU | 鱼肝油、奶、奶油、乳酪 | 同骨骼发育有关联 |
|---|---|---|
| 维生素 D11IU | 鱼肝油、蛋、奶制品、人造奶油、肉 | 促进骨骼发育以及增加钙的吸收 |
| 维生素 E1.11IU | 绿色蔬菜、谷物 | 帮助细胞膜功能 |
| 维生素 $B_1$ 22 毫克 | 猪肉、内脏、全谷类、豌豆、蚕豆 | 碳水化合物,新陈代谢,有关各种功能中辅酶 |
| 维生素 $B_2$ 48 毫克 | 多数食物 | 与热量代谢的酶有关 |
| 泛酸 220 毫克 | 多种食物 | 热量利用中起主要作用 |
| 烟酸 250 毫克 | 肝胀、肉、谷粒、豆类 | 与许多方面新陈代谢的酶有关 |
| 维生素 $B_6$ 22 毫克 | 肉、蔬菜、谷粒 | 氨基酸代谢 |
| 叶酸 40 毫克 | 豆类、麦、绿色蔬菜 | 氨基酸代谢、血液 |
| 生物素 2.2 毫克 | 肉、豆类、蔬菜 | 氨基酸代谢 |
| 维生素 $B_{12}$ 0.5 毫克 | 肌肉、蛋、乳制品 | 氨基酸代谢、血液 |
| 胆素 26 毫克 | 蛋黄、肝脏、谷物、豆类 | 与脂肪的新陈代谢有关 |

胆碱、肌醇、维生素 C 等。能溶于脂肪的叫脂溶性维生素,有维生素 A、维生素 D、维生素 E、维生素 K 等。水溶性维生素一般不会发生过多症,即使过量摄取,多余的部分也会迅速排泄;而脂溶性维生素,除维生素 E 之外,较易发生过多症。因此,在配合饲料时,要特别注意脂溶性维生素的供给量。

**矿物质** 矿物质不产生能量,但它是动物机体组织细胞,特别是骨骼的主要成分,是维持酸碱平衡和渗透压的基础物质,并且还是许多酶、激素和维生素的主要成分。其在促进新陈代谢、血液凝固、神经调节和维持心脏的正常活动中,都具有重要作用。犬所需的主要矿物质有:钙、磷、铁、铜、钴、钾、钠、氯、碘、锌、镁、锰、硒、氟等。如果矿物质供给不足,会引起发育不良等多种疾病,有些矿物质的严重缺乏,会直接导致犬死亡。

**矿物质的需要量/kg 体重、来源与作用**

| 钙 242 毫克 | 骨、奶、乳酪、面包 | 骨和牙的形成,神经和肌肉功能,血液凝块 |
|---|---|---|
| 磷 198 毫克 | 骨、奶、乳酪、肉 | 骨和牙齿的形成,新陈代谢等许多作用 |
| 钾 132 毫克 | 肉、奶 | 水分平衡,神经功能 |
| 氯化钠 242 毫克 | 食盐、谷物 | 水分平衡 |
| 镁 8.8 毫克 | 谷物、绿色蔬菜、骨 | 骨和牙齿的成分,帮助蛋白质的合成 |
| 铁 1.32 毫克 | 蛋、肉、面包、谷物、绿色蔬菜 | 血红蛋白的要素,呼吸和热量代谢都需要 |
| 铜 0.16 毫克 | 肉、骨 | 血红蛋白的成分,为铁的结合所需要 |
| 锰 0.11 毫克 | 许多食物 | 牵涉到几种酶以及脂肪的新陈代谢 |
| 锌 1.1 毫克 | 包括肉和谷物在内的许多食物 | 消化酶的要素,可能有助于组织修复 |
| 碘 0.034 毫克 | 鱼、乳制品、食盐、蔬菜 | 甲状腺激素的要素 |
| 硒 2.42 毫克 | 谷物、鱼、肉 | 与维生素E有关 |

### ◆ 饲喂商品化犬粮

目前市场上大多数的商品化犬粮配方都很合理,基本上能满足狗狗所需要的各种营养成分,选择的时候尽量要选有品牌的。这里不是追求品牌,而是给你的狗狗一个健康的保证,所以不要为了节约开支而给它选择质量欠佳的犬粮。具体来说,有以下四种类型,你可以根据狗狗身体的实际情况来加以选择。值得注意的是一般来说不要特意给狗狗更换犬粮。因为它已经适应了一种食物以后,更换之后有可能出现厌食现象,会直接影响到它的身体健康。

A.干燥犬粮:一般为膨化颗粒饲料或块状饲料,含水量10%~15%。该类饲料营养较均衡,不需冷藏就可以保存。不同发育阶段的犬可选用不同种类的干燥型饲料。这类饲料热量一般较高,大多在12.6兆焦/千克以上。犬常因吃得过多而发胖。

B.半干犬粮:这类饲料营养十分平衡,能量低,含水量20%~30%。这类饲料常做成饼状、汉堡包状等,外观像肉。该饲料可即开即食。

C.湿性犬粮(罐头饲料):这类饲料用罐头包装,营养全面、质量稳定、适口性好,但含水量高,可达72%~78%。湿性犬粮可分为全肉型和完全饲料型。全肉型的成分全部为肉类和动物内脏,喂时需另外补充一些能量饲料。完全饲料型营养全面、比例适宜,但这类饲料价格较高,开罐后不易保存。

D.冰冻犬粮:用新鲜原料制成,营养保存完好。冰冻犬粮也分为全肉型和完全饲料型。须在冰箱中保存,解冻后要尽快喂完,否则容易腐败。

◆ **拳师犬的日粮配制**

犬在一昼夜内所食用的各种饲料的总量成为日粮。配制日粮时必须遵循以下几个原则:

**讲究卫生** 配制的日粮必须要新鲜、清洁,千万不要给犬只饲喂过期、霉变的食物。否则,会出现腹泻等不良现象发生。你不要认为狗吃的食物在卫生方面可以忽视一点点,其实要像对待人一样去对待它。

**营养全面** 制作日粮要根据犬只的生长情况,针对营养的需要以及生理特点,还有各种饲料的营养成分合理搭配,分别取舍。先考虑满足蛋白质、脂肪、碳水化合物的需要,然后适当补充维生素和矿物质。

**考虑食物的消化率** 吃进体内的食物不等于

自制狗食一定要注意卫生

全部被消化吸收利用。如植物性蛋白质的消化率为80%，有20%是不能被利用的。因此在配制时，应该全面考虑所用的的材质。

**适当地加工处理** 各种饲料在喂前要经过加工处理，以增加饲料的适口性，提高犬的食欲和饲料消化率，防止有害物质对犬的危害。

**根据犬只状况调整日粮** 日粮配制得是不是合适，可以观察犬的各种生理指标是不是正常来判断。如果你的犬膘度适中、体重稳定、食欲良好、代谢正常，则证明你所配制的日粮是合适的。如果你发现你的爱犬体重猛增的话，你就应该适当减少它的进食量了，反之，当你发现你的爱犬日渐消瘦，那说明你所配制的日粮中所含有的各种营养成分是不够的，建议你换喂商品化狗粮。如果你的爱犬拒绝吃你所配制的食物的话，你就应该检查一下食物中是不是有霉变和腐烂的现象存在了。

### 四种日常自制食物每公斤组成（按成本递增顺序）

| 成分（克） | 食物1<br>(1330千卡/千克) | 食物2<br>(1330千卡/千克) | 食物3<br>(1330千卡/千克) | 食物4<br>(1330千卡/千克) |
|---|---|---|---|---|
| 瘦肉 | 310 |  | 450 |  |
| 肥肉 |  | 420 |  | 500 |
| 生米 |  |  | 230 | 100 |
| 熟米 | 470 | 250 |  |  |
| 蔬菜 | 160 | 250 | 230 | 300 |
| 维生素和矿物添加剂 | 60 | 30 | 90 | 100 |

## 自制日常食物（用上表成分）

| 狗的体重(千克) | 食物1(克) | 食物2(克) | 食物3(克) | 食物4(克) |
|---|---|---|---|---|
| 5 | 330 | 250 | 230 | 210 |
| 6 | 380 | 290 | 260 | 240 |
| 7 | 430 | 320 | 290 | 270 |
| 8 | 470 | 360 | 320 | 300 |
| 9 | 510 | 390 | 350 | 320 |
| 10 | 560 | 420 | 380 | 350 |
| 11 | 600 | 450 | 410 | 380 |
| 12 | 640 | 480 | 440 | 400 |
| 13 | 680 | 510 | 460 | 430 |
| 14 | 720 | 540 | 490 | 450 |
| 15 | 760 | 570 | 510 | 470 |
| 16 | 790 | 600 | 540 | 500 |
| 17 | 830 | 630 | 570 | 520 |
| 18 | 870 | 650 | 590 | 540 |
| 19 | 900 | 680 | 620 | 570 |
| 20 | 940 | 710 | 640 | 590 |
| 21 | 970 | 730 | 660 | 610 |
| 22 | 1010 | 760 | 690 | 630 |
| 23 | 1040 | 790 | 710 | 650 |
| 24 | 1080 | 810 | 730 | 670 |
| 25 | 1110 | 840 | 760 | 700 |
| 26 | 1140 | 860 | 780 | 720 |
| 27 | 1170 | 890 | 800 | 740 |
| 28 | 1210 | 910 | 820 | 760 |
| 29 | 1240 | 940 | 840 | 780 |
| 30 | 1270 | 960 | 870 | 800 |
| 31 | 1300 | 930 | 890 | 820 |
| 32 | 1330 | 1010 | 910 | 840 |
| 33 | 1370 | 1030 | 930 | 860 |
| 34 | 1400 | 1060 | 950 | 880 |
| 35 | 1430 | 1080 | 970 | 890 |

## 商业日常食物（克）

| 狗的体重(千克) | 湿的食物(克) | 半湿食物 | 干燥食物(粗磨) |
|---|---|---|---|
| 5 | 400 | 260 | 88 |
| 6 | 460 | 280 | 128 |
| 7 | 520 | 200 | 144 |
| 8 | 570 | 220 | 160 |
| 9 | 620 | 240 | 168 |
| 10 | 670 | 260 | 184 |
| 11 | 720 | 280 | 200 |
| 12 | 770 | 300 | 208 |
| 13 | 820 | 320 | 224 |
| 14 | 870 | 340 | 240 |
| 15 | 910 | 360 | 248 |
| 16 | 960 | 380 | 264 |
| 17 | 1000 | 390 | 272 |
| 18 | 1050 | 410 | 288 |
| 19 | 1090 | 430 | 296 |
| 20 | 1130 | 440 | 312 |
| 21 | 1180 | 460 | 320 |
| 22 | 1220 | 480 | 336 |
| 23 | 1260 | 490 | 344 |
| 24 | 1300 | 510 | 360 |
| 25 | 1340 | 530 | 368 |
| 26 | 1380 | 540 | 376 |
| 27 | 1420 | 560 | 392 |
| 28 | 1460 | 570 | 400 |
| 29 | 1500 | 590 | 408 |
| 30 | 1540 | 600 | 424 |
| 31 | 1580 | 620 | 432 |
| 32 | 1610 | 630 | 440 |
| 33 | 1630 | 650 | 456 |
| 34 | 1690 | 660 | 464 |
| 35 | 1730 | 680 | 472 |

### ◆注意补钙和补磷

钙和磷是构成骨骼与牙齿的主要成分，对维持神经、肌肉的正常活动，参与凝血过程起着重要作用。如果缺乏钙、磷，幼犬要患佝偻病，成犬易患骨质疏松症，怀孕犬则影响胎儿的生长发育。犬对钙、磷的需要，每天每千克体重需钙约0.3克，磷0.2克，钙磷比大约是1.3：1。若钙、磷供给过量亦会引起相应疾病，如脂肪消化率下降等，过量钙还使体内磷、锰、铁、镁、碘等元素的代谢紊乱。饲料中动物性饲料含磷较丰富。在犬饲料中常用骨粉、鱼粉、蛋壳、石粉以及碳酸钙、磷酸钙等作为钙的补充物。

### ◆适当添加微量元素

微量元素是指犬体内含量不足0.01%的矿物质元素，如铁、铜、钴、碘、锰、锌、硒、氟等。这些元素虽然在犬体内含量极少，但同样不能缺少。如缺少铁和铜，犬就会发生贫血，损害动脉弹性，导致血管破裂，损害脑干和脊髓，被毛褪色、质脆。当缺乏硒时，犬易患白肌病、营养性肝坏死、外周血管破坏、繁殖紊乱、心肌坏死等。当锌不足，犬出现皮肤不完全角化症，皮肤粗糙。当碘缺乏时，幼犬易患侏儒症，在母犬还会引起胚胎早死等。为满足犬对微量元素的需求，在犬的基础日粮中就必须添加相应短缺的微量元素，只有这样才能保证犬的正常生长发育和健康。给犬添加微量元素一般是使用微量元素添加剂，但必须按照规定的量进行添加。

### ◆ 定时、定量、定位饲喂

对所有的拳师犬，根据其生长的月龄，按定时、定量、定位（定食具），三定方针喂犬。

对于60～90天的小犬，每天可喂4次，饲料用仔犬配方，不能用成犬的饲料，因正在发育生长期，必须保证其营养的需要，才能使其正常发育生长。

成年拳师犬，每天喂2次，中间间隔时间不得少于8小时，最好从第1次喂食到第2次喂食时间为10个小时为好。喂食时，只能让其吃20～30分钟，时间一到，就把食物撤掉，养成吃食的规定时间，形成条件反射，以便投给食物后，抓紧时间吃食。另外，食物总放在食盆里时间一长，变干失去味道，犬见了剩食也没食欲。

喂拳师犬的食具最好用不锈钢盆或者瓷盆，塑料盆易碎，铝盆也易于咬坏。同时使用这2种盆也易于清洗消毒。

喂完食后，用另1个同样与食盆大小的盆，将饮水放好。水一定保证充足，随时能饮到清水，中午专为拳师犬提供1次饮水。到晚上喂完犬时，将水盆中的水倒掉，再换成新的饮用水，以便夜间饮用。产仔的母犬冬季应供应温水。

夏天炎热，特别是南方，可以每天下午喂1次（成犬），对于小犬，120天前每天喂3次，6个月后改成成犬的饲喂方法。

---

**特别提示**

**不宜喂拳师犬的东西**

盐制的干燥食品，如咸鱼、腊肉、腌肉等；芥末及辣椒含量太多的食物，会造成犬的口腔、胃肠溃烂；洋葱相对狗的血液有强烈的毒性，犬吃可能危及性命；鸡、鸭、鹅等禽类的骨既小又硬，狗根本无法嚼碎，易刺穿喉咙或胃；冷藏的牛奶、冰淇淋和其他乳制品也不能给狗吃，易形成习惯性腹泻。

## 拳师犬的四季管理

在管理上，不同的季节，我们应该给予拳师犬不同的照顾。因为随着季节的变化，它的各种生理表现以及行为都会发生变化，以适应不同的环境要求。

### ◆春季管理要点

**加强犬种管理**　春季是拳师犬发情、交配、繁殖和换毛的季节，此时要注意对它的管理。拳师犬在发情期间，喜欢到处走动，所以一定要看管好。尤其是品质优良的纯种拳师犬，不可任其外出自由交配，以防产下血统不纯的幼犬。

**注意预防感冒**　春天天气情况变化频繁，忽冷忽热，稍不留意，就容易导致拳师犬患感冒病。由于感冒容易引发其他更严重的疾病，比如支气管炎、肺炎甚至犬瘟热等，所以做好对感冒的预防和在发病初期进行有效地治疗是非常重要的。

### ◆夏季管理要点

**注意防暑补水**　夏天天气炎热，在这个流汗的季节里，拳师犬会流失很多水分，因此，主人必须留意，勿让其缺水。主要留意在它的食器内经常保有清洁充足的水。发现犬有中暑症状，如呼吸困难、体温升高、心跳加快、呼吸急促、眼有眼屎，鼻镜干裂、红肿，排便干燥，尿发黄等，应立即用湿冷毛巾冷敷头部，将中暑犬移到阴凉通风处；若情况严重应立即求助兽医。

**防止食物变质**　夏季，饲料易发霉变质，容易导致拳师犬食物中毒。因此，饲喂的食物最好是经加热处理后放凉的新鲜食物，而且最好不要做得太多，够一餐的量即可。对已发霉变质的食物要倒掉，因为变质的食物中可能含有细菌毒素，即使高温处理也不能将其破坏。拳师犬吃了含有毒素的食物，即可引起食物中毒，如治疗不及时会引起死亡。因此，如发现喂食不久拳师犬出现呕吐、腹泻、全身衰弱等症状时，应迅速请兽医诊治。

**防蚊防虫** 夏季是蚊、蝇、跳蚤、虱、蜱孳生繁殖的季节，故一定要做好防蚊、防蝇、灭虱、防蜱工作，以免蚊虫叮咬使拳师犬感染疟疾、附红细胞体病、巴贝西焦虫等病。

◆ **秋季管理要点**

秋季，拳师犬体内代谢旺盛，食欲大增，其管理方法与春季管理有许多相似之处。

**注意营养的搭配** 秋季饲料营养要丰富，饲喂量要增加，为过冬做好体质方面的储备工作。

**观察体质** 一入秋季，经过夏天蚊子媒介所感染的血丝虫病爆发，所以应及时加以观察。如发现拳师犬在早晚散步遇冷空气时有剧烈的持续性咳嗽，咳嗽后有流涎、吃食虽多却愈来愈消瘦、可视黏膜苍白等贫血症状时，则有可能是体内血丝虫病发作，应及时请兽医诊治。

◆ **冬季管理要点**

由于拳师犬被毛很短，相比其他犬只而言，它更怕寒冷，在气温特别低及风大时不要带出玩耍，即使外出也应考虑在身上套上"冬装"；犬窝也应注意保暖，防止漏风。在保暖的前提下，冬季也应常带拳师犬外出活动，不要因为气温低而让它长期待在房间里。加强户外运动可以增加体质，提高其抗病能力。在天晴日暖时，晒太阳是上好的选择。不仅可以取暖，阳光中的紫外线还有杀菌消毒的功效，并能促进钙质的吸收，有利于其骨骼的生长发育，防止拳师犬发生佝偻病。

# 拳师犬的成长管理

## ◆ 新生仔犬的成长管理

**母乳喂养很重要** 仔犬一生出来，立刻会吸奶。应让仔犬躺在母犬身边，以便吮乳。如果一胎生仔较多，应将最后生出的仔犬（通常体质较弱、瘦小）放到后两对奶头上吮乳，反复数次后，每只仔犬就会有固定的奶头。要让初生仔犬吃到足够的初乳，因为初乳中含有丰富的蛋白质和维生素，还含有较高的镁盐、抗氧化物及酶、激素等，具有缓泻和抗病作用，有利于胎便的排出；初乳的酸度较高，有利于促进消化道的活动；初乳中的各种营养物质仔犬几乎可全部吸收，这对增强仔犬体质、产生热量、维持体温极为有利。更值得一提的是，初乳中含有母犬的多种抗体（母源抗体），使仔犬获得抗病能力，因此，应尽早地（0.5~1小时内）让新生仔犬吃到初乳。

**保温工作要做好** 新生仔犬突然离开母体子宫和外界接触，这时，温度及肺呼吸是最大的差别。初生仔犬的体温较低（生后1~2周内体温是34.5~36℃），也无颤抖反射，完全依赖外部的热源（如母体）来维持正常体温，因此必须保温（1周内死亡的仔犬因寒冷所致的约占50%）。到6周龄时，仔犬已有颤抖反射和自己调节体温的功能。眼睛在10~16日龄睁开，耳朵在15~17日龄张开，呼吸频率加快，这些都有助于促进和保持较高的体温。从2~6周龄，体温上升到36~39℃，4周龄以后接近成年犬体温。

## ◆ 拳师犬幼年期的照顾

**尽快适应新的环境** 为了让幼犬尽快提高适应环境的能力，培养和锻炼其胆量。对于刚离开母犬的小狗，你可以让它到处闻闻以熟悉周围

新生仔犬的特点是：吃饱了就睡

的环境和自己的窝。可以在它的床上放上一些玩具，这样可以分散一下它因处于陌生的环境而产生的紧张感。如果它感到十分疲倦，则一定不要勉强它玩，要让它好好地休息，因为通常幼犬每天可以睡20个小时左右。

**幼年期的饮食** 断奶后至6个月龄之间的小狗称为幼犬，此期对犬的饲养管理也很重要。由于这个阶段是犬生长发育的主要阶段，身体增长迅速，所以必须供给充足营养。一般出生后头3个月长躯体和体重，4～6个月增体长，7个月后主要长体高。而且，从断奶到6个月的养育阶段是培育优良犬的关键时期，小犬最难饲养管理的时间是断奶后一个月。这个时期发病多，死亡率高。此期应细心照料。断奶后的小犬，食物应有丰富的蛋白质，喂4～5天，每次吃7～8成饱即可。

每日饲喂标准参考配方：犬米350克，麦类60克，牛肉150克，白薯250克，食盐10～15克；或肉类(牛肉、猪肉、马肉等)200克，乳300克，蛋1个，大米200克，蔬菜200克，食盐10～15克。在此期间要适当补给鱼肝油、钙片和骨粉等。随着日龄的增加，要逐渐增加给食量，并适当地减少喂食次数。

**特别提示**：此期小犬吃食时要看好，保证食物新鲜，不喂腐烂变质饲料。

**引导它到固定地点排泄** 幼犬往往吃得也多排得也多，并

且时间间隔短,因此,你必须要尽快引导它养成到固定地点排泄的习惯,因为如果你不及时引导,等它已经养成随处排泄的习惯后再想纠正的话就比较困难了。如果你看见幼犬在房间里转来转去,到处闻,你就要马上抱它去指定地点排泄了,而且要耐心地教它在便盆里排泄。犬的习性是一旦在一个地点排泄,以后它每天都会在这里排泄,可不要让它养成坏习惯。

**注意疾病的预防** 在拳师犬到来时,应了解该犬是否进行过预防接种和驱虫。如未进行过疫苗预防接种或驱虫,应尽快进行预防接种和驱虫;如已注射过疫苗和驱虫,也可让你知道什么时候需要再次进行预防接种和驱虫。仔犬因体质尚在发育中,抵抗力较弱,应特别注意预防。满3个月的幼犬,最重要的是犬瘟热等混合疫苗的接种,及病毒性肠炎的疫苗接种(注射后3个星期内勿洗澡,避免疾病的发生),接种疫苗前则应彻底驱除体内的寄生虫。

## 拳师犬成年期的管理

**成年犬的饮食** 成犬时期除应保证犬所需要的正常热量和营养外，每天何时喂食也很重要，一般是早晚各1次，当然也有饲主工作忙碌，而不得不将1天所需的热量和营养1次喂食的。如犬已适应这种喂食方法也可以。犬一进入成犬期，虽身体没有什么不适，但经常有不吃东西的现象，只有将食物改变后它才会高兴地吃进去。如经常这样，那就是偏食，这很自然。应尽量避免因犬不进食就将食物整天搁在犬进食的地方，让犬随时进食的做法，因为这样会使犬的食欲逐渐变差而影响犬的体质。纠正的办法是不要让犬吃零食。给犬喂食物3小时以后，不管它吃与否，必须收起食器。除了正餐之外，绝对不要再喂任何食物，这样就会使犬自觉地吃食。

**每天坚持运动** 拳师犬的是一种工作犬，所以平时应进行以体能训练为主的运动。通过运动，能使其新陈代谢旺盛，食欲增强，进食量增多，使犬体魄健壮，增强持久力与敏捷性。成年拳师犬的身体比较健壮，对于运动量的需求比较大，所以作为主人你要让它每天有机会纵情奔跑。在整个运动过程当中，躯体尽量的伸展对于拳师犬的形体塑造将会有帮助。但是，在6个月以前的狗狗，主人最好还是要控制它的运动量，

每天外出运动必不可少

避免剧烈的奔跑、急停和突然冲撞,以免影响骨骼的发育及在运动中受伤。运动归来后要给犬饮足清洁的水,并用毛巾擦干全身,拭去灰尘。

**特别提示:** 运动后不要立即喂食,至少要安静的休息半小时,不然易发生呕吐。

**定期杀虫** 替爱犬定期杀虫是必须的,这不但令它身体健康,亦可避免它将之传染于其他犬只或人类,饲主可选购市面上的杀虫药;由于钩虫和绦虫常见于犬体,故应选购一种能有效地对付这两种虫害的杀虫药。但喂服时,一定要依照说明书上的指示,并因应爱犬之体重喂服,一般来说每半年服用一次;杀虫药物除有丸装外,亦有粉剂,若你的爱犬拒抗吞药丸,也可将粉剂混在食物内,让它一并吃下。当饲主能定期进行以上的例行检查,自能及早防范。

## 拳师犬老年期的照顾

伴随着犬年龄的增长,它的生理机能也会逐渐降低。一般来说拳师犬在8岁左右进入老年期。

**饮食照顾** 已经进入老年期的犬,其身体对于营养的利用率和器官功能都在渐渐消退。因此相对于营养过剩或不足的耐受力都

会比较低,而且又加上活动能力的降低以及对于热量需求的减少,所以在日粮的选择上要尽量选择包含可以完全吸收的蛋白质的食品。减少磷、钠的摄入来帮助其预防肾脏方面的疾病。

**预防褥疮** 老年犬躺着或睡觉的时间会比较多,所以容易出现褥疮。无法控制大小便的犬,更需要保持干净,以免遗留在皮肤上的大小便造成严重的皮肤问题。定期梳理和洗澡能让你及早发现这些问题,以免日益严重对它的生活质量产生影响。

**定期体检** 每年注射加强免疫疫苗对年老的拳师犬尤为重要。这是因为,它对疾病和传染病得抵抗能力减弱,而且极易受细小病毒症的传染。同时,还可以对犬的健康状况作检查,包括检查皮肤、肾脏、肝脏等重要器官。一些疾病,如肾病,可以在早期(临床症状不明显时)通过验血检查出来并及时得到医治。对它的尿进行检测也可以得知其健康状况。所以,送其去检查时最好带一份它的尿样。你应使用清洁、干燥的容器装上尿样,并放在一个干净,密封的瓶子中带去兽医院检查。兽医可能会为你提供一些用于此用途的特殊瓶子。

---

### 特·别·提·示
**拳师犬的寿命大约为 10 年**

拳师犬成熟很缓慢,因此它的活力和积极性会保持相对较长的时间。但是它并不是一种寿命很长的犬,绝大多数拳师犬的寿命大约为 10 年。它们并不显示出明显的中年期和衰老期,青年期(大约几年)度过后,仿佛一夜之间就变老了。

---

狗狗年老时,更需要主人的陪伴!

第七章

# 拳师犬的清洁护理

拳师犬虽然不需精美修剪的造型,但必要的护理更能显示出它强壮的肌肉、美丽的皮毛。

## 皮毛清洁护理

拳师犬毛发紧贴皮肤,短而平滑,闪闪发亮,非常容易护理。平常可用橡皮梳和刷毛手套梳刷犬的全身,其目的是拔除松软的毛,增加皮毛的自然光泽度。

经常洗澡是必要的,但过于频繁的洗澡对拳师犬皮毛的保护并不好,一般夏季一个月洗3次,冬季一个月洗1次就足够了。给犬洗澡前应带它进行一些轻微的活动,最好让其排一次便;接着观察

**怎么给幼犬洗澡**

如果你的爱犬在4个月以下,那就千万不要用水给它洗澡了,因为幼犬的免疫力是很弱的,很易感冒,因此如果要清洁请选择干洗。干洗用的粉剂一般可选用滑石粉、婴儿爽身粉等。干洗时,先将粉末撒在被毛上,经过15~30分钟后用刷子或布擦拭,但要防止粉末飞进犬眼睛和鼻孔内。

不是太脏的时候,擦拭被毛就可以了

一下它肛门周围是否有污物，是否积攒了分泌物等；然后把其耳内擦干净，用棉花卷成团塞住耳孔。为了防止沐浴液进入眼睛而使爱犬受到伤害，可以先涂抹一层眼用软膏以保护眼睛。

洗澡时要选犬用优质洗浴香波，然后对白色的部位用增白剂增白。在犬毛潮湿的情况下，用刷毛手套用力刷理，去掉犬身上的脱毛或死毛。用吸水毛巾擦后，再吹干毛发。检查犬趾、犬耳、犬齿。在犬毛上喷上毛发亮光剂。

为参加美容比赛，需要修剪胡须，耳后、腹部、尾巴及大腿后部的长毛也应修剪。美容工具可以用推子或剪子。

## 修剪趾甲

拳师犬趾甲过长会使它有不舒服的感觉，同时过长的趾甲还会劈裂，易造成局部感染。趾甲过长或长时间不修剪会影响犬的站姿与步态。

趾甲过长会影响狗狗的站姿及步态

此外，拳师犬前爪有的会有狼趾，这是纯粹多余的退化物，这会妨碍其行走，因此要定期给犬修剪趾甲。

拳师犬的运动量很大，趾甲磨损较快，因此不用特别勤地给它修剪。一般10天左右修剪一次即可，也可以根据具体生长情况来决定修剪的次数。

修剪趾甲时应用特制的犬用指甲剪进行修剪。最好是在给它洗完澡之后进行，因为那时趾甲是最软的，比较好修剪，但应注意，每一趾爪的基部都有血管神经，因此不能修剪得太深，以免造成伤害。一般只剪除1/3左右，并应挫平整，防止造成损伤。如果发现犬行动异常，要及时检查有无出血或破损。

## 清洁耳道

犬的耳道很容易积聚油脂、灰尘和水分,特别是没有采取竖耳术而贴在头部的耳朵更需要经常检查耳道。如果发现犬经常搔抓耳朵,或不断用力摇头摆耳,说明犬耳道可能有问题了,应及时检查。

先用酒精棉球给外耳道消毒,再用3%的碳酸氢钠滴耳液滴于耳垢处,待干涸的耳垢软化后用小镊子轻轻取出。镊子不能插入太深,精力要高度集中。如果犬摇动头部,则要迅速取出镊子,以免刺伤其鼓膜或刺破其耳道黏膜。对有炎症的耳道,可以用4%的硼酸甘油滴耳液、2.5%的氯霉素甘油滴耳液、可的松新霉素滴耳液等滴耳,每日3次。

## 保养牙齿

牙齿是犬咀嚼和啃咬食物,尤其是啃咬坚硬骨头的重要工具。与人的牙齿一样,当食物碎渣或残屑驻留在牙缝里时,可引起细菌在牙缝里滋生,造成龋齿或齿龈炎,影响犬的食欲和消化,因此要定期检查犬的牙齿,发现问题及时处理。

在进行牙齿保养的时候,首先用湿棉球蘸取犬专用牙粉(不要用人用的牙膏,犬不喜欢那种味道),以清除牙垢。

> **特别提示**
>
> **牙齿保养秘诀**
>
> 平时你可以适当地给它变换食物,不要喂太多的软性和湿性食物。要经常给犬喂骨头,这样可以满足犬啃咬东西的欲望,也可以达到磨牙和固齿的目的。

一般每周给犬刷1次牙即可。日常在家为犬刷牙时,一般用软性牙刷或者犬用牙刷蘸上水直接给它刷牙;二是用手指缠上纱布伸到它嘴里去"刷"。最好选用犬用牙刷,因为该刷毛质为软性,不会刺激犬的牙龈。如果犬牙齿上已经积累了牙垢,最好还是把它送到宠物医院或者宠物美容店,由专业的宠物医生或宠物美容师来处理;因为自己处理可能会由于缺乏经验而损伤犬的牙床,这样会导致犬口腔发炎的。开始为犬刷牙时它会很不习惯,甚至反抗,你不用太着急,更不能强行进行,你可以稍微让它休息一下,并且在它看到牙刷的情况下再进行。多进行几次后,它就会明白你是没有恶意的了。

## 清洁眼睛

帮狗狗清洁眼睛时,你应先洗净自己的双手并做好消毒工作;然后用温水或浓度为2%的生理盐水浸湿棉花或纱布后轻轻擦拭;最后拭去犬眼睛内侧和眼下皮肤的污物,切记绝对不可以触碰到眼球。把下眼睑稍稍拉下操作会更方便。看到瞬膜时,绝对不能把它去除或往里塞。眼球、结膜上的污物或灰尘用清水冲洗即可。如果症状严重时一定要咨询兽医,在兽医的指导下,使用含有抗生素的眼药膏或眼药水。

眼睛四周应无异物

# 进行立耳手术

◆ **手术步骤**

第一步是全身麻醉,颈部消毒后皮下注射。麻醉药的浓度高,但用量很少。几分钟狗就昏倒了,因为麻醉后全身放松一般狗会出现呕吐现象,所以剪耳前不喂食。

第二步固定。小狗被送进手术台固定,在肩部和后驱位置固定两条皮带,皮带两侧各垫一块沙包加固。嘴巴用绳子保定,防止伤人。

> **特 别 提 示**
>
> 两只耳朵剪好后,各注射一支长效青霉素和苏醒针。犬苏醒后两个小时内不喂食不喂水,是担心犬的喉骨松弛喝水或吃食时噎着。等犬只会吠叫时再喂食。

第三步是画线。在估计剪的地方剃毛,耳朵背面和耳窝的毛剃干净。接着就是画线,医生从耳尖要保留的位置画一条斜线至耳根。

第四步是局部麻醉。在耳根部消毒后麻醉,麻醉针的针头沿皮下全部没入,边抽出边注射。麻醉药分4次在耳根部四周注射完成。

拳师犬3个月左右可做立耳手术

第五步血管结扎。用两把长钳,一把从耳尖方向顺着刚才画的线夹住,另一把从耳根位置沿线反方向夹住。

第六步剪耳缝合。沿所画的线剪切,剪到耳根位置时犬会抽,可能是耳根位置神经丰富,剪掉后,耳尖上的软骨会再剪掉一点这样缝合方便。接下来就是缝合,耳朵缝好后用一团棉花塞住耳孔,因为松开长钳后会有一些积血流出,要止血清理创口。

做立耳手术后要防止狗狗用脚抓挠耳朵

第七步用前一只剪下的耳朵比划画线,重复以上步骤。

◆ **手术后校绑**

下面的内容是在手术伤口愈合后进行的绑定,为的是让耳朵站起来而不是耷在两边。

1. 首先把耳朵内侧用温的湿毛巾处理干净。
2. 准备好胶布和支撑物。
3. 按照耳朵的长度剪出需要用的支撑物。
4. 能够接触到皮肤的位置请用胶布缠上。
5. 把支撑物放在耳朵的内侧,用胶布在外面缠住。
6. 耳朵尖的位置也缠一下。
7. 另一侧的耳朵也要这样。
8. 最后用胶布把两侧耳朵拉近距离。

## 进行断尾手术

断尾或是根据犬品种本身的要求,或是为美观,才进行的,实则是给它整形修饰,以加强美感。

断尾前,局部须浸润麻醉,并做好止血准备。断尾的长短要根据拳师犬品种的要求——在第二关节处断尾,并保持与脊柱连接平滑。以尾能竖起为佳,忌尾软垂或过长。应先在手术部位剪毛、消毒,再在上方3~4厘米处用止血带结扎止血。助手将尾部固定,保持水平位置。术者用外科刀环形切开皮肤,然后向上推移1~2厘米,在尾关节处截断;经充分止血后,用碘酊消毒,撒上消炎粉,将术处缝合即可。

断尾后的拳师犬显得更彪悍

第八章

# 拳师犬的训练

当拳师犬踏进家门的第一天起,你就应该对它进行简单的训练,在训练的过程中应遵循科学的原则,要有耐心和信心。

## 训练的基本要领

训练犬的刺激是指训导员所采用的能引起犬神经系统反射活动,进而实现能力行为的一切影响手段及方法。

主人与犬接触时,对犬的影响包括他的外貌、行动、声音、气味等刺激的综合体。这种综合刺激同时影响犬的视、听、嗅等几个感觉器官,而使犬产生条件反射。因此,主人又是犬的复杂综合刺激者。刺激包括机械刺激、食物刺激、引诱刺激、口令刺激和手势刺激。

正确的刺激才能迅速形成条件反射

**机械刺激** 在训练中按压、扯拉牵引带、轻轻击打等强制手段均属机械刺激。机械刺激能引起犬的压觉、触觉和痛觉,从而迫使犬做出相应的动作或制止犬的某些不良行为。应当注意的是刺激部位要准确,而且要掌握刺激时机。不同的科目采取的刺激不同,比如要想用机械刺激迫使犬做出"坐"下的动作,就得按压犬的腰部,如果按压背部犬不可能坐下。

**食物刺激** 主人用食物来奖励犬的正确动作或诱导犬做出某些动作的一种刺激。如在训练"卧"的科目时,主人发出"卧"的口令,犬卧下的时候,主人立即给予食物奖励,达到强化犬的正确动作的目的。使用食物刺激要注意犬对食物的兴奋状态,食物反应强的犬或饥饿状态下的犬,能收到良好的效果。搜毒犬不宜采取食物奖励。强化手段多用于基础科目训练。

**引诱刺激** 为了吸引犬的注意力,直接诱发出犬的某一动作或增强某一动作的强度,而采用的一种刺激,借以建立条件反射。如训练"坐"

时,可将拿一肉块的手高抬于犬的头上,犬看到肉块而吃不到时,便盯住肉块坐着等待。这种手段适宜对幼犬的训练。

**口令刺激** 用一定语言组成的具有指令性的声音刺激,通过犬的听觉引起相应的活动,只有与非条件刺激结合若干次后才能形成条件反射。口令分为普通音调、威胁音调、奖励音调,不同的音调只有在建立条件反射后才能有效。口令一经采纳不要随意更改,应根据不同分段训练科目采用不同的口令,而且要用非条件刺激强化,以防消退。

**手势刺激** 是以手臂的一定姿势和形态形成的视觉刺激。手势要有一定的规范,它作为指挥犬做出动作的信号,必须在犬的视线以内或只有犬注视训导员的情况下才能使用,而且每个手势要保持其独立性和易辨性。除"前来"以外,其他手势一律右手指挥。

## 训练的基本原则

### ◆循序渐进,由简入繁

对犬完成某一动作的训练,必须循序渐进,由简入繁地逐渐复杂化的训练。在完成动作训练(或称能力培养)过程中,一般应经过以下3个阶段。

**建立基本条件反射的阶段** 只要求犬能根据口令做出动作。此时由于是初步建立条件反射,因此训练场所必须清静,防止外界刺激的诱惑和干扰。对犬的

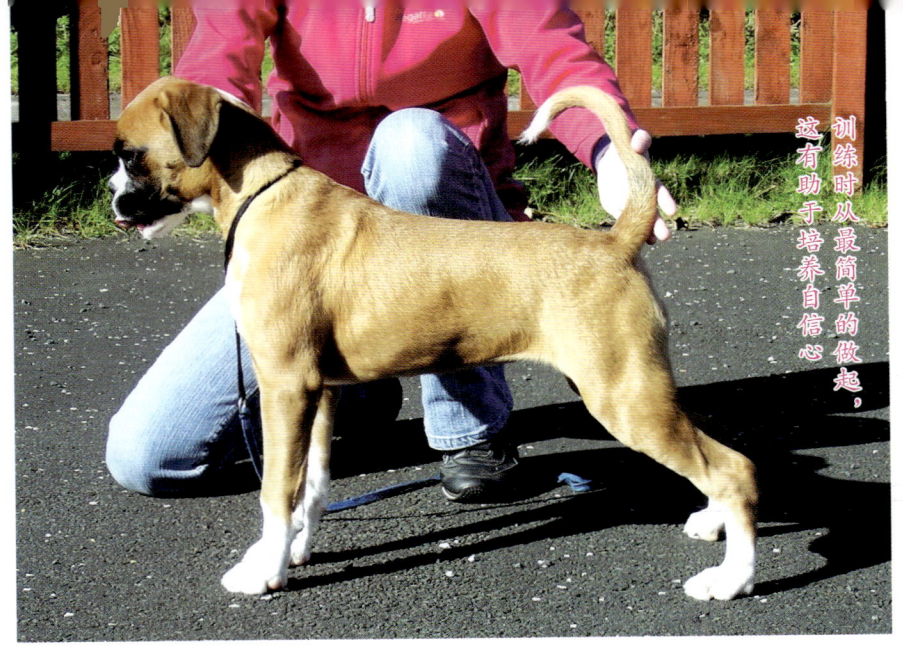

训练时从最简单的做起,这有助于培养自信心

正确动作要及时奖励,不正确的动作要及时而耐心地纠正。

**条件反射复杂化阶段** 要求犬把每一个独立的条件反射有机地结合起来。此时,环境条件仍不应太复杂,但可在不影响训练的前提下,经常变换环境,提高犬的适应能力。对不正确的动作和延误执行口令,必须及时纠正,用强制手段适当加强机械刺激的强度。对正确的动作,一定要奖励。

**环境复杂化阶段** 要求犬在有外界引诱的情况下,仍能顺利执行口令。为此,在进行鉴别训练时,为使犬的大脑活动保持高度集中,仍应在安静的环境中训练,以免影响鉴别的准确性。同时,应注意因犬而异,遵循训练条件难易结合、易多难少的原则,培养犬适应复杂环境的能力。

◆ **因犬制宜,分别对待**

虽然每条犬都有嗅、闻、衔取等本能,但由于每只犬的神经类型不同、个性不同以及饲养目的不同,因此,训练中应根据犬的不同特点,分别对待。

**兴奋型犬** 这种犬的特点是兴奋性强,抑制性弱,形成兴奋性条件反射快而巩固,形成抑制性条件反射则慢而易消失。因而在训练中主要是培养、发挥其抑制过程,不要急躁冒进,以免引起不良后果。

**活泼型犬** 这种犬的特点是兴奋和抑制过程都很强,转换也灵活,训练中形成兴奋和抑制性反射都很快。训练方法不当易产生不良联系,因而要特别注意手段,采取相应的方法。

**安静型犬** 这种犬的特点是兴奋和抑制过程都较强,但转化灵活性较差,其抑制过程相对地要比兴奋过程稍强。也就是说,在训练过程中形成抑制性条件反射较快,而且形成的反射也较巩固。所以,在训练中应着重培养犬的灵活性,适当提高兴奋性。

**被动防御反应型犬** 这种犬的特点是遇到惊吓或害怕的事物,就采取消极的被动防御,影响训练的进行。对于这种犬,一是要用温和的音调和轻巧的动作,防止突然惊吓。二是遇到犬害怕的事物,要采取耐心诱导的方法,使犬逐渐消除被动状态,并使之适应。

**探求反射较强的犬** 这种犬对于周围环境中的某些新异刺激很敏感,经过多次接触仍不减退和消失,这与犬的灵活性和适应性不良有关。对待这种犬平时应注意多进行环境锻炼,使之逐步适应。训练中出现探求反射时,主人要设法把注意力引到训练科目上来,也可适当使用强制手段抑制探求反射。

**对食物反应强的犬** 应充分利用其所长,多用食物刺激进行训练。但对食物反应强的犬容易接受各方来的食物,影响有关科目动作的建立。一只训练良好的警犬,应拒食别人给的食物和不随地拣食。因此,要加强"禁止"训练,使犬养成良好的习惯。

**凶猛好斗的犬** 这种犬基本上属于兴奋性高的犬,在管理训练中要严格要求,加强依恋性、服从性和扑咬训练,以充分利用其所长;但要防止乱咬人、畜。

此外,还可能遇到其他类型的犬,对待它们的训练原则是扬长避短,巧妙地应用条件反射与非条件反射性刺激及逐渐改善的方法加以训练。

## 训练的基本手段

### ◆诱导

诱导就是在训练的过程中利用食物、物品、自身行为以及其他因素,诱导犬做出某些动作,借以建立条件反射的一种手段。此法带有引导性,能引起犬的食欲兴奋,尤其是犬爱吃的食物,犬就比较容易兴奋,从而积极参加训练,能较快地学会

动作。使用诱导应与一定强度的强迫手段相结合。防止以诱导代替口令和手势的做法。

### ◆强迫

强迫是使用机械刺激和威胁音调的口令,迫使犬准确地做出动作。强迫要用于每一个训练科目的初期,即为了加强形成条件反

射,在初期使用,或在外界诱因的影响下,预定科目进行不下去时使用。运用强迫时,要注意及时、适度。

### ◆禁止

这是为了制止犬的不良行为而采取的一种惩罚手段。它是用威胁音调发出"非"的口令,同时与强有力的机械刺激相结合使用。这样反复使

用，建立了条件反射后，只要使用"非"的口令就能达到禁止的目的。制止犬的不良行为时，主人的态度必须严肃，制止一定要及时。

◆ 奖励

奖励是为了强化犬的正确动作，巩固已培养成的能力，调整犬的神经状态而采取的一种手段。奖励的方法有给食、抚摸、发出"好"的口令等。一般在科目训练的初期，为了使犬迅速形成条件反射及巩固所学会的动作，都应以给食、抚摸为主，结合表扬给予奖励。奖励必须及时，主人的态度必须和蔼可亲。

## 拳师犬良好行为习惯的培养

在家庭中一定要让你的拳师犬养成良好的行为习惯，让他懂得与人类生活的规则。对于绝大多数犬来说，它们都有着强烈的群体意识，在群体中，它们有自己心目中的首领，它们会服从于群体中有一个或几个"首领"的掌控和安排。在与犬一起生活中，我们一定要在它们面前树立"首领"

的威信,让它明白谁才是真正的领导,从而让犬心悦诚服的按照我们的意思行事。

如果你过分的溺爱你的宝贝狗狗,对它们的行为放任不管,有的犬就会逐渐学会掌控某些事情,而这会使它认为它在群体拥有内更高级别的等级地位,它是首领或首领之一。这样它们一旦学会利用这种地位优势,它们的行为将会变得难以控制。

对于犬来说,尊重、服从群中的首领是天职。所以我们必须对家中的拳师犬的不良行为加以控制,以确立自己"首领"地位。当它接受了你的"领导"地位后,它对你发出指令的会十分乐意的接受,并且执行。

◆ **限制其在自由活动**

当家中的拳师犬跳上沙发或床上时,你应立即大声呵斥它"不准",及时将它从上面赶下来,必要可用给以轻微的惩罚。通过这些语言及动作,让它明确你和家人才是首领。只有首领才有

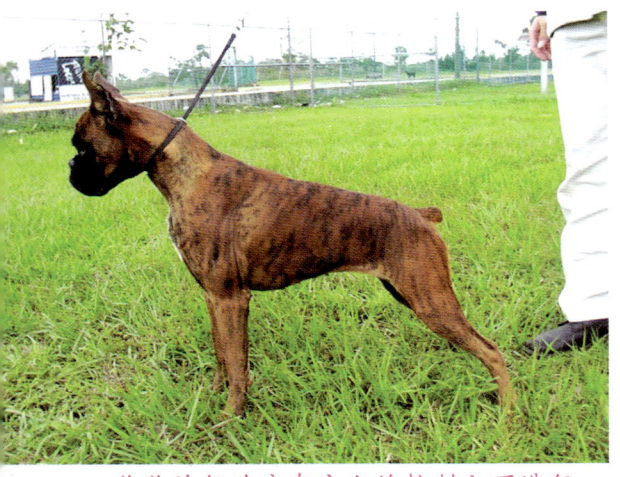

狗狗的行动应在主人的控制之下进行

行动的自由,可以在屋间中的每一个角落走来走去,想在什么地方休息就休息是首领才能享有的特权。绝对不能允许犬在屋子里同你拥有同样大的自由活动空间。你可以通过禁止的口令及手势明确无误的告诉它,哪些是你的地盘,是它绝对不能进入的。你可以在家中给它划出它睡觉的区域,在房间的一角给它铺设一个小床,这样确定它的睡觉场所。当我们在家中走动的时候,也不要让狗在我们面前晃来晃去,总挡着我们的去路。尽量不要让你的狗可以在屋内肆意活动或随意接近你的休息场所,不要给它过多的特权,否则它会把家里弄得一团糟。

在外出时,你必须控制犬,你要始终清楚一点,是你带着它遛,而不

是它带你遛。在通过一些狭窄的门或过道时，要牵着狗进出。让它跟在你的后面，而不是让它让它拖着你通过敞开的房门。

◆ **在饲育中树立你的地位**

在家中常常有这种现象，当家里人吃饭时，狗狗常常守在桌边眼巴巴地望着你，这时你千万不要被它这可怜的模样蒙蔽，在你吃饭时也喂给它食物。如果你开了这个头，以后每到吃饭时它都会守在旁边。

在犬的群体中，"首领"有优先获得食物的权力，而作为下级只有吃"残羹剩饭"的份儿。所以你一定要让它明白，在"首领"吃饭时，它们才是不能打搅的。这样看起来似乎有些不讲理，尤其是对那些已经饿极了的幼龄狗，但这却可以教会它学会严格遵守等级制度，在主人用餐时，主

让狗狗明白你才是家中的"老大"

人先享用最好的部分,而它只有在你允许下才可以吃那些——你给它们准备的"剩余"的食物。这点对于幼龄犬及青年犬来说,它们正处于发育中,食欲旺盛,容易饥饿,作为主人可以通过饲喂方式,树立你的给予对领导地位,让它们接受新的指令和社会等级地位。

◆ 在平常的玩耍中树立你的权威

在同犬的交流中,抚摸、饲喂、训练、遛弯及玩耍等都会给它们带来很多快乐,但要保证这些都是是按照你的意志来进行,而并不是完全依

照它的需求。在一些特殊情况下,犬会像主人一般不断地发号施令,如当它想出门玩耍时,它会对着你"汪、汪、汪"大声吼叫,当它想玩接球游戏时,会衔球过来一直围着你转。对于这种情况你得小心处理了,你不能由它来决定什么时候玩、玩什么。此时必须调整你和狗狗之间的关系了,你应把它叫到你面前,命令它坐下来呆着,然后再去同它玩,这样就可以重新掌握主动。

当你处于领导地位时,犬就会十分乐意听从你的指挥。为了得到你的爱抚与奖励,它会以一种"虔诚"甚至有些"卑微"的态度,不断尝试着用不同的行为方式与你进行接触。当它的行为符合了你的要求时,你再对它做出回应。这样,它就始终处于一个被动的角色,而你树立起了你的绝对权威地位。

## 基本服从训练

### ◆ 站立

选择平坦的场地令犬左侧坐,右手握住犬脖圈,左手伸向左腹部,向犬发出"立"的口令,同时左手向上一

站立

托,右手上提脖圈,使犬立起,及时给予奖励。反复训练后逐渐减少提拉脖圈和上托。犬能根据口令自然立起后,培养犬对手势形成条件反射,并渐渐延伸指挥距离和立延缓。

◆ **随行**

在平坦、清静的场地,使犬自由散游后拴上牵引带,主人左手拉住牵引带距脖圈30厘米处,其余部分卷起拿在右手。然后呼唤犬名以引起犬的注意,在发出"靠"的口令同时,左手自然下垂轻拍左腿,使犬和主人保持30厘米间距向前行走,行程不少于150米。初期犬易受外界影响,难免出现偏离正确位置的现象,此时应下"靠"的

随行

口令并扯拉牵引带,使犬回到正确位置,并用"好"的口令奖励,当形成条件反射后,便可脱绳随行。首先变换步伐,以普通步、快步、跑步的相互转化使犬与训导员同步,一并适应停止间的左右转法。训练中变换步伐或方向时应先发"靠"的口令和手势,示意犬不偏离位置,每次训练结束后一定要用食物强化。

前来

◆ **前来**

当犬拖着牵引带自由活动之际,训导员呼唤犬名以引起犬的注意,然后发出"来"的口令,左手向左平伸,随即自然放下,使犬顺利跑到训导员跟前。初期训练在下口令的同时,扯拉牵引带施以机械刺激,当犬来到训导员面前,应及时给予奖励。犬对"来"的

口令形成条件反射后,可由拖绳转为去绳。此外还可以用食物或能引起犬兴奋的物品诱导犬前来,训练中最好口令和手势同时应用。

### ◆ 坐下

训导员让犬左侧站好,右手抓住牵引带和脖圈,发出"坐"的口令的同时,右手上提脖圈,左手按压腰角,使犬被迫做出动作,然后立即给予奖励。犬对口令形成条件反射后,结合手势训练,至产生条件反射为止。

在犬对"坐"的口令形成条件反射的基础上将犬引到自己的对面,做出正面坐的手势,同时发出口令"坐",左手上提牵引带迫使犬坐下,犬坐下后立即给予奖励。

### ◆ 卧倒

先进行侧面卧倒训练。令犬左侧坐后,训导员左腿后退一步取单腿跪下的姿势,左手从犬背上伸过去握住犬的左前肢,右手握住犬的右前肢,在发出"卧"的口令的同时,将犬的两前肢向前引申,并用左臂轻压犬的肩胛,当犬卧下后及时给予食物和抚拍奖励。片刻令犬坐起。也可采用食物引诱和扯拉脖圈的刺激迫使犬卧下,当犬对口令形成条件反射后结合手势训练。

再进行正面卧倒训练。令犬坐下后,训导员走到犬的前面1米远,面对犬站立,发出"卧"的口令的同时,右手做出卧的手势,犬卧下后立即给予奖励,稍停片刻令犬坐起并奖励。

### ◆ 衔取训练

衔取是培养犬听指挥将物品衔取交给犬主的能力。

衔取是一种先天本能。这种本能一直遗传到现在,因此经过适当训练犬能很快学会衔取并运送各种不同的物品。

训练前,应给犬系上一根又长又牢的训练绳。令犬侧坐,扔出物品,衔取物一般采用犬较喜欢的碰铃,有时也选用一块木头或手套,或一些类似物。下令"衔",口令的音调富于启发性,这时你要握住训练绳的一头,让犬冲向衔取物,并衔起来。当犬衔好以后,轻轻地拽训练绳,引导犬回来,同时你要向后退。当犬接近你的时候,你可以突然停在犬正前方,下令"坐"。让犬再衔一会儿,注意犬衔的动作。下令"吐",用两只手从犬嘴里接下衔取物,注意要用一只手握衔取物的一端。

衔取

下一步就是摘掉训练绳,令犬侧坐,将物品扔到十步以外,下令"衔"。如犬听从命令将物品衔来在你的对面坐下。必须牢牢记住:在令犬吐下物品以前要让犬衔一会儿。犬吐下衔取物以后再过一会儿才能令犬侧坐。不要忘了奖励犬。

当然,还可能会出现一些问题,如犬衔着物品向你走来,但不靠近你,在离你还有一段距离时拒绝向前走,若出现这种情况,就你立即向后退,鼓励犬向前走。若犬将物品吐在你的脚下,你须重新将物品放到犬的嘴巴里,同时下令"衔住"。

## 障碍赛训练

障碍赛是在 1978 年诞生于英国的竞技,近年来,在国内也很受欢迎。障碍赛是人和犬一起参加的竞技,犬与人之间的配合好坏将影响到竞技的结果。

参赛的犬种没有限制,但会将所有的参赛狗分为身高 40 厘米以上的标准组和 40 厘米以下的迷你组,在各组中,再根据经验分为初级到高级等不同的等级。

在 20 米 × 40 米的竞技会场中,至少会设置 10~20 个障碍,每个障碍间隔约 7 米,依次通过各个障碍。人可以陪在狗旁边发出指示,但不可以触摸狗,自己跨越障碍或是手上拿道具。当搞错顺序,从反方向跨越障碍物,狗不想做而拒绝(3 次),或是排便时,就立刻失去参赛资格。除了饲主可以陪在狗旁边,也可以请专业的指导手代为参赛。

**人不能接触犬** 比赛是在设置有 12~16 个障碍物的比赛场地中进行。狗必须按照顺序先后通过这些障碍物,在一旁的人只能发出指示,不能触摸狗或是自己亲自示范,否则就算失格。另外,反方向通过障碍、排便或是 3 次拒绝命令时,也算失格。这项比赛对参加的狗并没有任何限制。但有些比赛对狗的年龄有所限制,在参赛前,不妨请教主办单位。

**逐渐提升技巧** 在实际进行训练之前,一定要确实进行基本的服从训练。必须使狗能够理解主人的意思。在使用障碍物进行具体的练习时,一开始,必须使用制约绳进行训练。然后,逐渐提升难度,要发挥毅力。同时,使狗在心情愉快的情况下练习也十分重要。在训练前后,要和狗充分玩耍,作为准备运动和放松运动。

**障碍训练必须在短时间内集中进行** 训练太久时，犬会产生厌倦，变得讨厌进行此训练。在训练中，绝对不能斥责犬。如果斥责不当，会使犬误以为是它靠近障碍物才会被斥责。

◆ 跳跃栅栏架

拳师犬跳的栅栏架宽为 120 厘米，高为 75 厘米。跳跃的动作要领是：让犬站在栅栏架的一边，然后指挥犬跳过栅栏架，犬跳过去以后仍要保持站立的位置。你再走到犬身边，将犬牵走。口令是："跳"。

训练时应首先令犬侧坐，给犬系上训练绳。栅栏架的高度一开始训练一般以 0.3 米高为宜。开始训练时，你要与犬一起跳过去。一般是你先跳，同时下口令"跳"，再牵引犬跳过去。接近木架时的速度不要太快，否则，在越过障碍前犬就冲上去而自己碰伤自己。犬通过障碍后要很好地给予奖励。过一会儿，再重复此项训练。对此科目，犬在初期极易疲劳。因此，你有必要在犬跳踩四至五次以后休息一下。每天要进行几次训练，以增强犬的体质。

当犬毫无困难地越过较低的栅栏时，就可以增加栅栏架的高度了。持牵引带的方式以不妨碍犬的前进为准，因此不要抓得太紧。当犬越过栅栏以后不要忘记奖励。在犬跳过栅栏架以后要令犬站在原地，立好，等待带走。

以后，可渐渐地增加栅栏的高度，直到犬能跳过的合适的高度为止。最终的高度据犬的体力以及自己的直感而定。当犬能较容易地跳过栅栏，牵引带就可以去掉了。但是不要毫无把握地过早地摘除。摘除牵引带的训练要在你确实有把握时再干。必须记住：在犬跳越栅栏前要下口令"跳"，

跳栅栏

犬跳过去以后,须令犬站立在原地,然后你前去系上牵引带,引犬随行离开,这才完成了这个训练。

◆ **穿越管道训练**

管道为硬隧道和软隧道两种。

**硬隧道** 穿过由塑胶制成的,可以自由伸缩的蛇腹状筒中。练习时,可以先从较短的隧道开始练习。硬隧道直径为60厘米,长为360厘米。

**软隧道** 入口处是固定形状,之后是柔软材质制成,因此垂在地面,无法看见出口。练习时,人可以将出口处撑开。软隧道全长390厘米,高为60厘米。

首先牵犬到距离管道2米处,令犬坐下,而后犬主走到管道的背面,将训练绳的一端通过管道拿在手中,唤犬前来或以食物和物品加以诱导,当犬跑到管道跟前,即发出"钻"的口令,同时收拉训练绳。犬如能穿越而过就及时加以奖励。这样反复训练几次,就可单独使用,用口令和手势指挥犬穿越。

**特别提示**:a.在使用强迫手段进行训练时,为尽快消除犬对障碍物的被动防御反应,每完成一个动作,即应对犬充分奖励。b.在同一训练时间内,次数不宜过多,要以顺利通过结束,绝食后不能进行训练。c.训练中应注意安全和加强保护措施,以防止事故发生。

◆ **其他穿越障碍训练**

跨越长跳板

障碍的其他穿越训练与上面几种障碍穿越训练大致相同。

**板壁** 将呈90°角的两块大木板竖起地面,形成三角形,使狗上、下快。练习时,可以从坡度较小的板壁开始练习。两块木

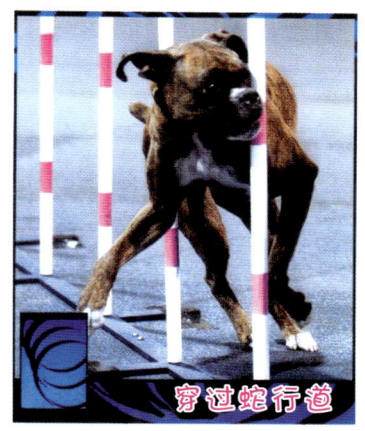
穿过蛇行道

板都在距离地面106厘米的部分涂上红色,在上下坡时,如果没有踩到该接触点,就会被扣分。板壁宽为115厘米,长为270~320厘米,高为170~190厘米。

**蛇行道** 在排成一列的栏杆之间蛇行。栏杆的高度为100厘米,间隔50~65厘米,蛇行道的根数为8、10、12根。

**步道桥** 将三块狭窄的木板组合成步道桥,使狗在上面走过,桥上也有接触点。步道桥高为120~135厘米,长为360~420厘米。

**轮胎** 用4个螺丝将轮胎固定,狗必须跳跃穿过轮胎中间。轮胎直径为38~60厘米。

**跷跷板** 站在跷跷板的一端,从另一端走下来,有接触点。跷跷板宽为30~40厘米,高为60~70厘米,长为365~425厘米。

**桌子** 跳上正方形的桌子,做趴下或等一下的动作5秒钟。桌子的长、宽为90~120厘米,高为75厘米。

第九章

# 拳师犬的繁殖

掌握科学的繁育方法,采取正确的配种措施,通过择优汰劣,去粗取精,优势互补,才能培育出优良的纯种幼犬。

## 拳师犬的繁殖方法

### ◆ 近亲繁殖法

近亲繁殖法是指血缘有关系的父女、母子、兄妹、姊弟、直系血亲的交配繁殖。采用近亲繁殖是希望父母犬方面优秀的禀性会在子女的身上重视,但较好的交配法是父配女、祖父配孙女、叔伯配侄女、异母兄弟配异母姊妹等,如此形态统一具有系统的交配法所培育出来的仔犬,大都可以达到理想标准。

近亲繁殖法培育成功时会强化优点,但培育不成功时,双方缺点的强化也是双倍的。因此做近亲繁殖时一定要确定双方在遗传上没有重大缺点才行,否则生下的仔犬会有许多缺陷。近亲繁殖是尽可能多地遗传优点,少遗传缺点。如果采用近亲繁殖法成功地繁育出一只极优秀的母犬,则还可再做一次近亲交配,但此时更应该严格筛检小犬,择优汰劣选出最优秀的一只,然后应改用系统繁殖,来定型已强化的优点。这样所繁殖出来的仔犬血统中含有非常多"优性基因",则必可成为很好的种犬。

但是使用近亲繁殖法也是非常冒险的,因为一些遗传不良体型或特殊疾病的基因大多数都呈隐性。往往显性遗传基因和隐性遗传基因配合成对,但犬只本身却只显现隐性基因。若它们之间近亲繁殖,则它们的仔犬中将有一定比例会带有成为这种隐性遗传缺陷。

### ◆ 系统繁殖法

系统繁殖法是指在公母双方四或五代的血系中,有一只以上的相同祖先犬,而在双亲及三代内,并无同一只犬重复出现,

繁殖是一项系统工作，必须有计划进行

这种方式就是系统繁殖法。它是一种程度较轻的近亲繁殖，一般繁殖者都喜欢采用这种方式，因为它不必冒近亲配种带来的危险，又可获得近亲繁殖的良好效果。

采用系统繁殖法时，应事先了解公母犬上5～7代的血统，这有绝对的参考价值，我们可以从这些血统中研究出要配对的母犬前三代的血统基础。假如在预备配对的种犬的祖先中，不断出现相同的杰出祖犬，虽然在代数上不尽相同，也可以把它们作繁殖倾向的指标。

一般来说，利用系统繁殖法繁殖出优秀仔犬的比例也相当大，因为在繁殖时我们依据血统，大约可以推断出公母犬的遗传倾向，而加以善用，则祖先犬优秀的特质将可能重现。

◆ 异系繁殖法

异系繁殖法就是欲交配的公母犬双方在前五代的血统中没有一点血缘关系，而完全引进本身所没有的新血统。当某一系统的缺点被强化且在后来的改良中一直无法突破消除时，若另一血统都没有这种缺点，

应根据繁殖目标合理采用繁殖方法

而原来的血系又有精密的血统组合时,则可以将此血统纳入而寻求改良。我们将改良后的第一代仔犬称为 A,通常必须汰劣留优,然后用 A 中优秀的仔犬来交配原来的血系,但原血系却必须挑选从未繁殖出带有这种缺陷者才成。如果 A 中的仔犬不配回原系原则而继续做异系繁殖,则所生出来的第二代 B 仔犬产生劣犬的比例将大为提高,这是因为它们的基因库已被干扰得乱七八糟,原来那些来自近亲繁殖所获得的优秀基因被分散掉了。另外,利用"部分异系"的代替方法也可行。也就是引进 1/4 的外系(公犬或母犬之中有一方带有 1/2 外系),所繁殖出来的仔犬血统中有 3/4 为原系,只有 1/4 为异系。此种手段较为温和,可达到较为理想的效果。

## 选种的注意事项

### ◆注意血统搭配

作交配用的拳师犬必须无遗传方面的任何毛病,我们应细察其血统证明书,根查其祖宗三代。对照公母犬的血统渊源,看这两只犬是否能在优点方面得到加强,而在母犬的缺陷方面公犬是否有稳定而良好的基因表现予以弥补。若母犬的缺陷,公犬也同样存在,即使这只公犬在其他方面表现再优异,建议也不要让两犬相配,因为相配后其缺陷可能得到进一步强化。

我们不要盲目相信获奖犬只。不要认为获奖犬只的血统必然就好,有的获奖犬也可能潜伏不健全的遗传性基因。你应查看其以上几代的血缘,关键看其血缘与你的爱犬的血缘能否得到最佳的配合。在选择种犬时要注意血统上的配合,公犬本身所拥有的遗传基因成千上万,而把两副基因配合起来,其组合就无数了。所以有时看似完美的组合,但得到的幼犬却不尽理想,有时觉得不完善的组合却得到了意外之喜。有时这些现象

血统搭配就是要做到公母犬优势互补

看似毫无章法可循,其实这都是遗传规律中一种必然中的偶然,偶然中的必然结果而已。这些道理看似高深,但如果拳师犬繁育爱好者自己长年累月不断地摸索,定会从实践中获得经验,寻得规律。

### ◆注意预防情绪遗传病

拳师犬不但要外形美丽,最重要的还是心理健康和没有情绪遗传缺陷与毛病,要注重其情绪与心理是否健全。有情绪遗传疾病的犬只主要的表现是神经极为紧张,有时甚至引致细胞不正常,或者易发狂,失去自

制力;但与疯狗症不同,疯狗症乃传染病,而这种发狂是遗传。德国和美国的优生学家都证明:犬的情绪不稳定同样可以遗传,这是因其脑部的细胞组织与结构不健全或有缺陷所致。所以,凡有情绪毛病或情绪不稳定的拳师犬均不应用作配种。

# 发情

## ◆ 发情周期

大部分的犬在出生后 8~9 个月时会开始第一次发情,拳师犬也是如此。拳师犬 6 个月左右为一个发情周期,一年两次,一般在春秋两季。拳师犬因个体差异,发情周期略有不同,通常过于肥胖或哺乳期长的母犬发情会较慢。发情周期一般分为发情前期、发情期、发情后期、无发情期。

**发情前期**　为发情前的一个时期,发情前期的确定一般是以阴道开始有血样分泌物(发情出血)为依据。这个时期母犬会接近并挑逗公犬,但不接受交配。持续时间平均为 9 天。

**发情期**　指母犬接受公犬交配的时期,持续时间平均为 9 天。

**发情后期**　为发情结束的一个时期。发情母犬进入发情后期是以母犬开始拒绝公犬交配为依据的。持续时间为 60~100 天。

**无发情期**　是发情后期到下次发情前期的期间。犬是单发情动物,这个时期不是性周期的一个环节,是非繁殖期。无发情期间的生殖器官呈休止状态。无发情期的持续时间平均为 120~130 天。

## ◆ 发情征候

在你的宝贝犬发情时,它的行为、生理和心理都会发生许多变化,只要准确掌握了它在发情时不同阶段的不同征候,我们就可以判断拳师犬是否发情,处于何种时期,何时可以交配。

**行为变化**　多数母犬在发情前期前 2~3 天,就表现不安、易兴奋,不服从命令,饮水量增加,食欲减少,频频排尿。

**发情出血** 发情出血是母犬从发情前期开始阴户流出血样分泌物。观察发情出血的持续时间和出血量的变化非常重要。发情前期的初期,阴户流出的分泌物为暗红色或茶褐色血样黏液,以后逐渐变红呈水样;从发情前期的后半期到发情期的前半期,分泌物呈浅红色;发情后期,阴道分泌物为血样黏液。发情前期的前3天出血量少,中期量多,后半期多停止出血。

**阴唇肿胀** 发情前期到发情期,阴唇及其周围组织迅速肿胀,触诊阴唇深部很硬。进入发情期后,整个阴唇变软,转为可交配状态。临近排卵时,阴唇肿胀程度最高,排卵后迅速消肿,之后阴唇又肿胀到接近排卵前的程度,以后逐渐消肿,恢复到正常状态。在排卵期的交配才是有效的交配。

**阴道分泌物** 分泌物为雌性动物生殖器官内壁脱落的细胞和蓄留于阴道内的分泌物,还包括子宫外口部的附着物和子宫颈管的黏液等。

◆ **母犬发情后的管理**

发现家中饲养的拳师犬发情后,必须加强其发情期的特殊管护,否则易出现病变、偷配、错过交配

时机等问题,从而造成不必要的损失。

**加强饲养管理** 母犬开始发情以后,由于生理上发生了一系列变化,情绪不稳,活跃好动,对异性十分感兴趣,食欲下降,愿意喝水,有时正在吃食,突然头高举或平抬,耳直立,眼睛凝视远方,或跑出去。此时要加强营养,多喂些容易消化的食物,多给清洁的饮水。注意犬体和犬舍卫生,尤其是犬的外阴部要用温水轻轻擦洗,但最好不要给母犬洗澡,以防止感染;犬身上经常刷拭或用干净湿毛巾擦拭。

**勤观察** 拳师犬母犬开始发情以后,勤观察是十分重要的。勤观察的目的,一是根据犬性行为的变化,选准交配时期;二是对犬表现的行为异常心里有数,以免惊慌失措。主要是观察犬的行为表现、外阴部肿胀情况、阴道分泌物的量和颜色变化情况等,重点观察阴道的出血日期和阴道分泌物变黄的日期。有经验的犬主人能通过勤观察准确地掌握犬的发情状态。如果当母犬阴道分泌物变为黄色,阴道黏膜为灰白色,愿意让公犬交配并有让尾现象时,说明该犬进行发情期,要密切关注,选准时机进行配种。

**防止偷配** 母犬进入发情期后,要严加管理,公母犬要分开,运动时带上脖套,以便于控制,更不能散放,以防被公犬偷配。

## 交配

### ◆ 交配的适龄

狗狗要到性成熟年龄,即有繁殖能力时才可以交配。拳师犬一般到10~12个月间开始第一次发情。温暖的气候会使狗狗早些成熟,同住一起的雌犬会同时发情。雌犬要到第二次和第三次发情后才有较强的繁殖能力,故应延至那时交配。在1岁前不宜交配,而在1.5~3.0岁时繁殖力最好。雄犬则可于1岁时开始第一次配种,两岁大时,方可经常配种。

### ◆ 交配适期

拳师犬发情后,准备让其繁殖时要掌握适当的交配期。如果无法正确地掌握,是不易受孕的。要仔细观察以下各点,以找出适当的交配期。

- 出血的颜色由红色变为粉红色,渐渐变淡,黏液增多。
- 外阴部变得更为膨胀且隆起。
- 用手指轻轻刺激其外阴部的周围、腰、尾巴根部,出现极敏感的反应,尾巴会上翘,扭腰,横躺在那儿,称孕让尾。
- 当有公犬接近时,母犬会积极地扭腰,做出允许的讯息。另一方面公犬也会闻母犬外阴部的味道,或舔或骑在它背上,做出交配的动作。

从母犬的出血日起开始计算,约第 10 ~ 14 天（平均是在第 12 天）出现以上现象时,就是交配的适当时期。

### ◆ 交配前的准备

在配种前 2 ~ 3 天,再对公母犬的健康情况进行一次全面检查,重点看公母犬有无传染病,尤其是皮肤病和寄生虫病。有条件时,配种前 2 天检查公犬的精液质量,如果精液太稀或精子活力弱或颜色不正,不能配种。配种前半天或 1 天,让公母犬接触一次,但要看住不要让配上,这样能刺激母犬排卵,可大大提高产仔率。配种前一顿,公母犬都不要喂得太饱,以免影响交配或公犬发生反射性呕吐。配种前半小时,让公母犬自由散步,充分排净粪尿。

交配前保证足够的休息时间,交配以清晨公母犬精神状态良好时为最佳。要选择安静的地方,使公母犬在不受外界不良刺激和影响的情况下交配。交配后要做好配种记录,详细填写配种时间,与其配种的公母犬名字、品种、胎次、发情日期及预产期等项内容。

# 妊娠

## ◆ 妊娠诊断

家庭早期妊娠诊断,通常采用触诊法。

受精卵于排卵后 20 天左右开始着床,这时的胚胎直径为 1 厘米左右,排列成小球串状。当妊娠 25~35 天时,着床部位的子宫因胚胎发育而膨隆起来。胚胎直径 2.5~4.0 厘米左右,这时,腹壁触知最明显。当妊娠 35~45 天时,因胎水增加,胚泡伸长,紧张度消失,子宫角成为直径均一的管状,与腹腔的肠管较难区分,因而此时触诊不易诊断。当妊娠 45~55 天时,子宫角和各胎儿迅速增大,这时触诊母犬后部比前部明显,但要注意与结肠内的粪便相区别。一般这时的子宫角显著膨大而伸长,子宫角的中部在肝脏后方折回,尖端位于子宫角基部的上方。妊娠 55 天至分娩期间,很容易触到各个胎儿。

触诊的具体方法:检查者应先抚摸犬给以安全感,使犬安静。取站立式,把犬的头部轻轻挟抱在检查者的腋下,左右手掌放在犬的前腹部乳房与后腹部乳房间的腹侧,手指稍张开,两手轻轻边压腹部边朝下腹部滑,妊娠子宫可垂到下腹部,这时,轻柔地用手指挤压,可感坚硬、隆起的受精卵着床部位,易区别于其他脏器。

## ◆ 怀孕犬的特殊照顾

根据许多繁殖专家的经验,应注意以下几点:

A.宜轻抱轻放,以慢慢散步作为运动较宜。

B.不宜剧烈运动,以慢慢散步作为运动较宜。

C.切勿让它跳高跳低,尤其是临产前 3 周内。

D.不可喷施过量的杀虱水。

E.犬舍保持通风,保暖,干燥。

F.临产前 1 个月应驱蛔虫。为

安全起见,驱虫药分量可请教兽医。

G.怀孕期的最后几天,狗儿可能便结,可试喂 2 茶匙(7 毫升)的石蜡油。不可乱用其他泻药,严重便结时要请教兽医。

H.喂以较稀的饮食,营养要特别丰富;特别是临产前的 3 周,应比平时加多 1/4～1/2 的分量;尤其要多些蛋白质和钙质,以鱼和肉类为主。要分餐喂,因为它的子宫增大,可供胃部膨胀的空间便相应减少。不要喂饲过量,以免积滞而弄巧成拙,脂肪性食物更不可太多。

## 生产

### ◆ 产前准备

在怀孕犬临产前大约两周,即应与家中其他犬只分隔开来。最好事先准备一个干净的大箱,放在温暖而避风的角落。最理想则用木箱。箱子的大小,应足够供母犬舒伸腿,以及能容纳所有的幼犬为准。

箱子的三边应够高,以能挡风为原则。一边有开口,目的是让雌犬易于踏入踏出。里面应铺些干净报纸,若弄污了也比较容易清理。

雌犬在临产前的 10 天内,应先习惯睡箱子内。作为"育婴间"和"产房"内的气温至少应为 27℃,早晚温差不能过大,冬天应有保暖设施。

临产前准备好剪刀、注射器、胶手套、脸盆、毛巾、纱布、绷带、缝合针线及消毒用的 70%酒精和 3%碘酊及催产、止血等药物。准备好温水。

### ◆ 产前征兆

犬的妊娠为 58～63 日间,故配种后我们可以依据第一次的交配日就可知道预定生产日,在预定生产日前后几天,都有可能是你爱犬的生产日。分娩前有一系列表现,要注意观察。

**外阴部和骨盆发生变化** 分娩前 3～5 天,外阴部逐渐柔软、肿胀、充血,阴唇皮肤变红,从阴道内流出黏液。这时骨盆变大,臀部坐骨结节处明显塌陷。分娩前 3～10 小时,子宫颈口开张。

**行为变化** 临产前的母犬食欲不振,不安、气喘,呼吸快,寻找隐蔽的分娩场所,有些母犬有筑窝行为,室内饲养的小型犬多表现为围着家人求助。多数犬从分娩前12小时开始,频繁出入预先确定的产室,而且入产室时间长,外出的次数逐渐减少。分娩前1小时(少数犬前2~3小时),母犬用前肢扒垫草,抓产室的毛巾、抹布等,并用嘴咬断撕碎,发生低沉的呻吟或尖叫。多在这期间阴门露出胎胞。

**体温变化** 犬的正常体温为38.3℃,临分娩前的母犬体温明显下降到36.5~37.2℃。多数母犬的体温在第1个胎儿出生前9小时为36.4~37.2℃(最低体温),比生理体温低1℃以上。因此,可根据妊娠末期明显的体温变化,来预测分娩的准确时间。

◆ **生产过程**

阵痛开始前母犬会烦躁不安,或以前肢不停地扒地,并张口不停地喘气,这些是生产的兆头。拳师犬生产过程大致如下:

a. 当母犬有伸前、缩腹、用力等现象时,是阵痛的开始。

b. 阵痛频繁时,有些母犬会经破水而分娩,也有少数母犬不经破水就开始生产。随着阵痛,产道会扩张;胎儿也因子宫的抽动而从子宫颈滑至子宫体,推开子宫颈管,而把头或后肢插入骨盆内。此过程快者3分钟,慢者2小时。

c. 胎儿的头部或后肢以横向侧卧而入骨盆腔,进入后在耻骨上方回转成俯卧姿势,此时母犬的阵痛也达于最高。被强烈收缩挤出的仔犬,在颈部通过耻骨往下前进时,我们翻开外阴部,可以看到被胎膜包围的胎头、后肢等身体部分。接着,由于更强烈的阵痛,胎儿便顺势被推出骨盆,而包在胎膜内的胎儿便被分娩出来了。

d. 胎儿到了母体外,脐带和胎盘仍然互相连接,而胎儿仍在胎膜内微动,此时善于自行处理分娩的母犬便会咬破胎膜及脐带,让新生仔犬破膜而出,并将仔犬全身的羊水舔净,此时新生仔犬会发出嘤嘤的叫声。

在仔犬的叫声中,母犬一边用舌头舔动仔犬,给予慈爱关怀,一边将连接的胎盘和残余的胎膜排出。

e.当母犬把胎盘排出后,对新生仔犬应给予保温并隔开,待母犬将腹内仔犬全部分娩完毕,才给它拭净奶头,让仔犬吸奶。但如果两只仔犬之间超过6小时以上,则另行处置。

◆ **人工助产**

**产前活动** 阵痛开始后,母犬因疼痛而多睡卧,懒于走动,若停滞时间过久,则会影响胎儿向产门蠕动行进,故宜牵出室外到附近走动。这样可以缓解母犬紧张的心情,并且适量活动可促使仔犬顺利导向产门。

**催生方法** 母犬坐产过久,仍不能产出,或坐产无力,仔犬难以通过产道,则可以催生。医院最常用的方法就是注射催生针。催生针效果极佳,但催生针使用不当时,却会引起严重的不良后果,如果母犬是因骨盆扩张缓慢,在未开至适当宽度前使用催生针,仔犬非但不能产出,母犬也会因为过分用力而将子宫撑破,那太危险了,因此催生针剂的使用应请教兽医。

**人工接生** 有些母犬首胎生产,无生产经验,既不会撕破胞膜,也不会咬断脐带,此时还是人工接生更可靠安全。首先见1/2前不宜勉强拖出,待超出一半后如滑出顺利也不需助力;如超出1/2后出生仍极慢,为节省母犬的体力及防止仔犬休克,可用纱布裹住仔犬,配合母犬向外努力时向外拉出。向外拉时,力要适当,需注意勿用力过猛而伤了胎儿,尤其不可将胎衣及脐带拉断。仔犬出生后,首先自头部撕破胞衣,并速将仔犬口内黏液、羊水除净,使仔犬呼吸顺畅,然后用两手将胞衣连脐带握牢,慢慢将胎盘拉出,要小心不可拉断。胎盘出来后立即用消毒过的棉线,自仔犬肚脐1厘米处扎结,再予以剪断,断脐处要碘酒消毒。断脐后,立即用干布将仔犬全身擦干(或以温水洗净后再擦干),并揉背部使仔犬叫出声,然后放入铺好垫布的笼内,并用电热毯或电灯保温。处理妥当

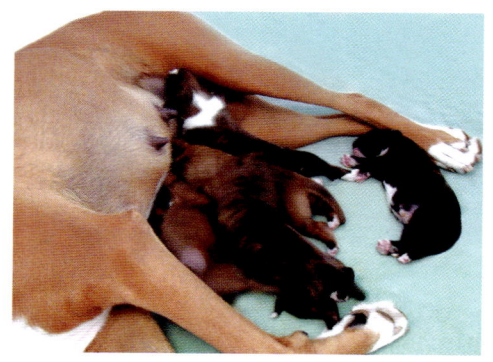

后,将母犬身上稍为拭净,再换生产用的报纸,然后将胞衣、胎盘等秽物收拾干净,如此即完成一只小狗的接生工作。

**人工帮助呼吸**　仔犬出生后,一将胞衣撕破露出口鼻,仔犬便开始呼吸,强健者立即挣扎蠕动且大声啼叫,但大多数仔犬都必须待口腔内黏液除净后才能正常呼吸发声。有些幼弱者虽然口腔已清除干净,但仍然不能呼吸,此时可见仔犬疲弱无力呈假死状,应即施以按摩,再用大拇指及食指两指轻按仔犬前肢腋下心脏处,并用毛巾从颈部至背部摩擦,且轻轻按摩心脏,通常数分钟后可见仔犬逐渐苏醒,发出嘤嘤之声,此时仔犬即已得救,可放入产箱保温。经过假死的仔犬于生后数月内要特别小心照顾,并注意其体重增加的情形,如果哺乳良好,体重稳定增加,则将会日见茁壮。

**胎盘、胞衣的处置**　母犬生产后所排出的胎盘、胞衣若母犬喜欢吃,可以少量给予。胎盘、胞衣可助母犬恢复体力,促使乳汁分泌,并可增强初乳中的免疫力。但如吞食过多,会引起母犬消化不良及下痢等症状。

**生产完毕的确认**　以手触摸母犬腹部,若两侧均柔软无硬块,且母犬已不再有待产的情况,即已生产完毕。

**产生清洁**　母犬生产完毕后,下半身均为羊水污血所脏,故宜以温水将尾部周围洗净吹干,并以酒精棉及温开水将奶头附近擦净,稍事休息后再让母犬哺育小狗。

**帮助仔犬哺乳**　健康的仔犬在娩出后即会吸吮母乳,若不会吸乳时,可将其嘴巴打开让其含住乳头,即会开始吮乳。分娩后的数日内要特别注意是否吸到足够的乳汁,如果仔犬有活力,体重平稳的增加,则其吸收的乳汁充足。吸入充足乳汁的初生仔犬第1天体重约增加5克,第2天起每天增加10～20克。

## 产后的护理

饲养的母犬分娩后要加强对母、幼犬的护理。

**保持犬体犬舍卫生** 母犬分娩结束后,在不影响母犬休息的情况下,要用温水洗净全身并擦干,更换已被污染的垫草或垫物。在仔犬的哺乳期内,要始终保持犬体和产房卫生。每天要给母犬刷拭被毛,对乳房要经常按摩和用干净的毛巾擦拭。母犬分娩后,体力消耗很大,十分疲劳,皮肤比较敏感,易患感冒和褥疮。产后要经常用干净毛巾擦犬体,不仅能促进血液循环,还能增加抵抗力。

**认真观察,仔细料理** 产后母犬若无乳、缺乳、患乳房疾病或生病,要请兽医诊治。防止母犬挤压仔犬,如听到仔犬乱叫,应立即前往观看,及时取出被挤压的仔犬。有的母犬有吃仔恶癖,对这样的母犬要严加管理,最好给戴上口笼。

**搞好饲喂,加强营养** 母犬产后6小时以内一般不饲喂,除了大小便以外,总在产床或窝内休息。此时要给温水喝,最好给饮温红糖水、绿豆水。对哺乳期母犬的饲喂,不但要满足其本身营养需要,还要保证产奶的需要。分娩后最初3天母犬食欲不佳,应喂给少而精的易消化饲料,如牛奶、麦粉、蛋黄等,并加强饮水(切忌饮冷水),4天后食量逐渐增加,10天左右恢复正常,在以后的哺乳期间,要增加饲料量。每天除上下午各喂1次外,中间要加喂1次。在营养成分上,要酌情增加新鲜的瘦肉、蛋、奶、鱼肝油、骨粉等。要经常检查母犬授乳情况,对于泌乳不足的母犬,可喂给红糖水、牛奶等,或将亚麻仁煮熟,同食物一起混喂,以增加乳汁。

优秀犬只鉴赏

BEST OF
WINNERS

BEST OF
WINNERS
MAJOR AWARD
NEW CHAMPION
MINNESOTA
BOXER
CLUB

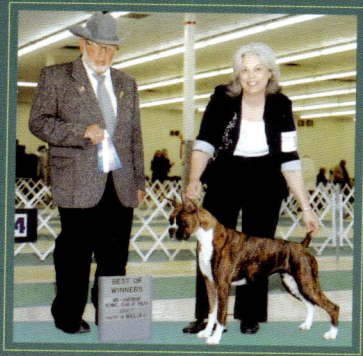

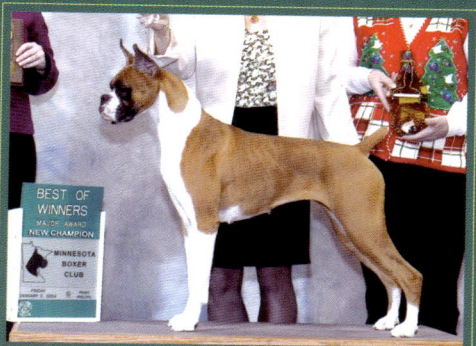

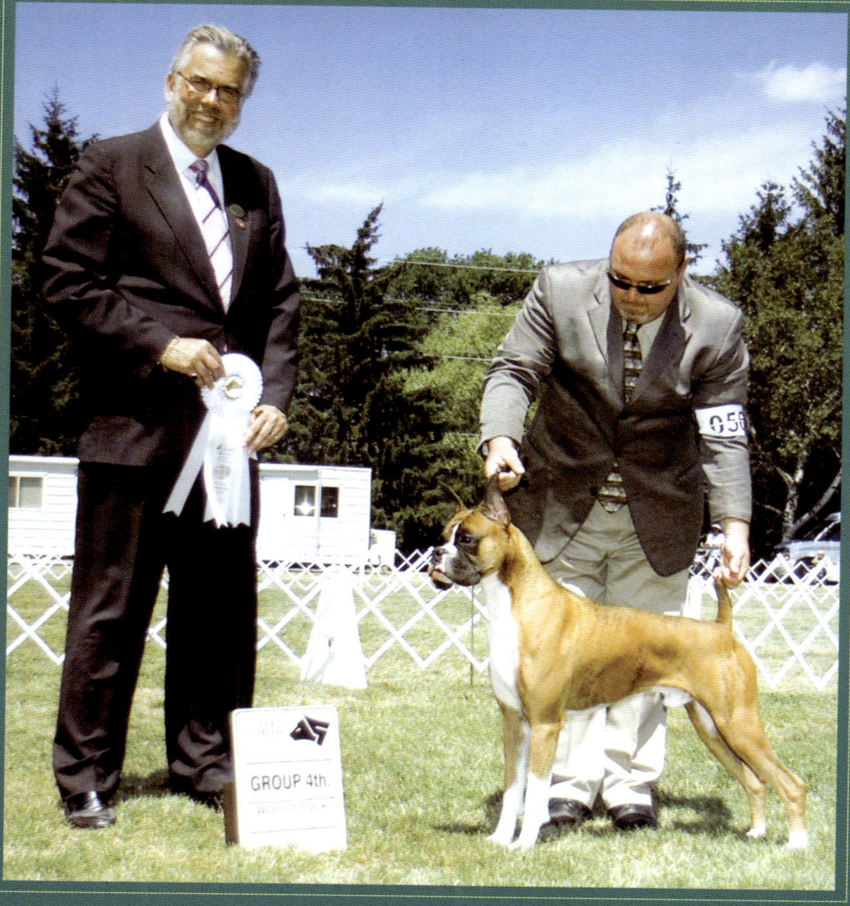
GROUP 4th.

BEST OF
WINNERS
NEBRASKA
KENNEL CLUB
2006
MELIA

BEST OF BREED
BEST OF WINNERS
WYOMING
VALLEY
KENNEL CLUB
McNULTY DOG SHOWS

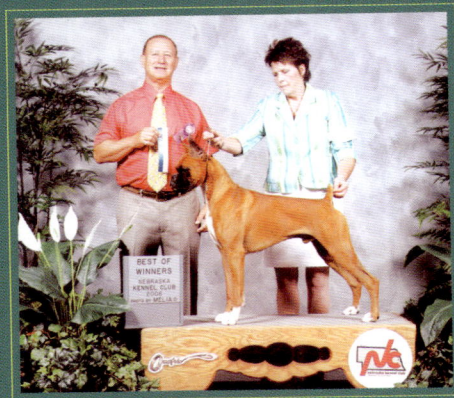

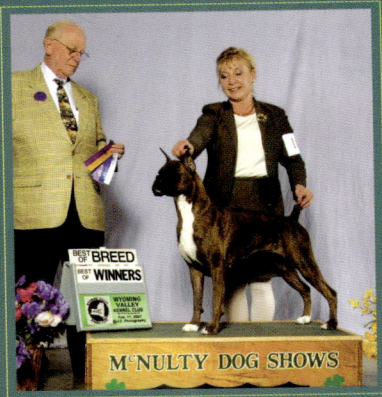

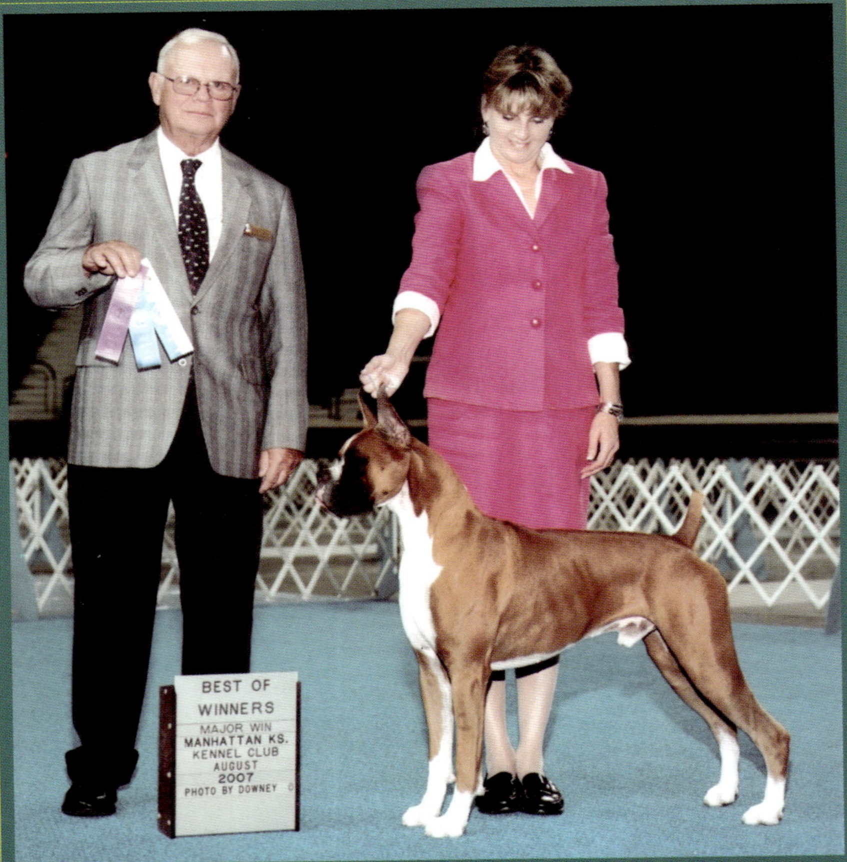
BEST OF
WINNERS
MAJOR WIN
MANHATTAN KS.
KENNEL CLUB
AUGUST
2007
PHOTO BY DOWNEY